Hidrogeografia e gestão de bacias

Hidrogeografia e gestão de bacias

Bruna Daniela de Araujo Taveira

2ª edição

Rua Clara Vendramin, 58 . Mossunguê . CEP 81200-170 . Curitiba . PR . Brasil
Fone: (41) 2106-4170 . www.intersaberes.com . editora@intersaberes.com

Conselho editorial	Capa
Dr. Alexandre Coutinho Pagliarini	Sílvio Gabriel Spannenberg
Dr.ª Elena Godoy	e Charles L. da Silva (*design*)
Dr. Neri dos Santos	PriceM/Shutterstock (imagens)
M.ª Maria Lúcia Prado Sabatella	

Projeto gráfico
Mayra Yoshizawa (*design*)
ildogesto e Itan1409/Shutterstock (imagens)

Editora-chefe
Lindsay Azambuja

Gerente editorial
Ariadne Nunes Wenger

Diagramação
Fabiola Penso

Assistente editorial
Daniela Viroli Pereira Pinto

Designer responsável
Sílvio Gabriel Spannenberg

Edição de texto
Monique Francis Fagundes Gonçalves

Iconografia
Regina Claudia Cruz Prestes

1ª edição, 2018.
2ª edição, 2024.

Foi feito o depósito legal.

Informamos que é de inteira responsabilidade da autora a emissão de conceitos.

Nenhuma parte desta publicação poderá ser reproduzida por qualquer meio ou forma sem a prévia autorização da Editora InterSaberes.

A violação dos direitos autorais é crime estabelecido na Lei n. 9.610/1998 e punido pelo art. 184 do Código Penal.

Dados Internacionais de Catalogação na Publicação (CIP)
(Câmara Brasileira do Livro, SP, Brasil)

Taveira, Bruna Daniela de Araujo
  Hidrogeografia e gestão de bacias / Bruna Daniela de Araujo Taveira. -- 2. ed. -- Curitiba, PR : InterSaberes, 2024.

  Bibliografia.
  ISBN 978-85-227-0869-7

  1. Bacias hidrográficas 2. Recursos hídricos – Brasil 3. Recursos hídricos – Desenvolvimento - Estudo e ensino 4. Recursos hídricos – Gestão 5. Recursos hídricos – Planejamento I. Título.

23-177161
CDD-333.9107

Índices para catálogo sistemático:
1. Recursos hídricos : Gestão : Estudo e ensino   333.9107

Cibele Maria Dias - Bibliotecária - CRB-8/9427

Sumário

Apresentação | 7
Organização didático-pedagógica | 9
Introdução | 13

1. Bacias hidrográficas e balanço hídrico | 17
    1.1 Conceito de bacia hidrográfica | 19
    1.2 Delimitação de uma bacia hidrográfica | 26
    1.3 Análise de bacias hidrográficas | 36
    1.4 Tempo de concentração em uma bacia hidrográfica | 53

2. Ciclo hidrológico | 63
    2.1 Introdução ao ciclo hidrológico | 65
    2.2 Precipitação | 68
    2.3 Interceptação | 82
    2.4 Infiltração e água no solo | 85
    2.5 Escoamento | 93
    2.6 Evapotranspiração e balanço hídrico | 99
    2.7 Produção de sedimentos | 102

3. Usos da água e gestão de recursos hídricos | 115
    3.1 Gestão dos recursos hídricos: uma introdução | 117
    3.2 Introdução ao Direito de Águas no Brasil: aspectos legais e institucionais da gestão de recursos hídricos | 121
    3.3 Princípios da gestão de recursos hídricos | 128
    3.4 Usos múltiplos da água | 132
    3.5 Regiões hidrográficas brasileiras e suas particularidades | 148

Considerações finais | *189*
Glossário | *191*
Referências | *193*
Bibliografia comentada | *205*
Respostas | *207*
Sobre a autora | *211*
Anexos | *213*

Apresentação

Este livro foi desenvolvido para quem procura uma aproximação com a ciência hidrológica, responsável por estudar a dinâmica da água na superfície terrestre. A hidrologia é uma ciência antiga e consolidada, sendo utilizada por várias áreas do conhecimento, como engenharia civil, engenharia ambiental, geologia, biologia e geografia. Os geógrafos tendem a estudar hidrologia sob uma perspectiva integradora da paisagem, envolvendo aspectos naturais e humanos que influenciam e são influenciados pelo ciclo da água.

A hidrologia é um estudo que parte da bacia hidrográfica como unidade de paisagem. Esse é o tema do primeiro capítulo, em que abordaremos o conceito de bacia hidrográfica, seguido de técnicas e métodos de análise de bacias, bastante utilizados para análise ambiental e estudos hidrológicos. Tendo compreendido os elementos básicos de uma bacia hidrográfica e a tendência da dinâmica da água nesse recorte espacial, passamos, então, para a especificação de cada processo hidrológico que compõe o ciclo da água.

No segundo capítulo, tratamos de como se dá o ciclo hidrológico na superfície da Terra, explicando separadamente cada um de seus processos, desde a formação da chuva até o movimento da água nas vertentes e nos rios e seu retorno para a atmosfera pela evapotranspiração. O entendimento desses processos é elementar para o estudo da hidrologia e para a compreensão da dinâmica da água na natureza.

No terceiro capítulo, indicamos uma abordagem diferente das anteriores, tratando do segundo tema deste livro, que é a gestão de recursos hídricos em nosso país. Embora esse assunto não trate exatamente da dinâmica da água em nosso planeta, ele é de extrema relevância, principalmente em se tratando da geografia, que é, em sua essência, uma ciência que estuda a relação do homem com a natureza. Ao abordarmos a gestão dos recursos hídricos, estamos tratando, basicamente, da forma como a sociedade utiliza a água e se relaciona com ela. Neste livro, iniciamos o estudo desse tema pelo contexto da instituição da gestão de recursos hídricos, passando por sua regulamentação no Brasil e finalizando com um panorama do uso da água nas diferentes regiões brasileiras.

Esperamos que você aproveite ao máximo os conteúdos deste livro, seguindo as indicações culturais e as de leitura, que se organizam ao longo da obra e têm o intuito de possibilitar um melhor entendimento dos temas propostos.

Bons estudos!

Organização didático-pedagógica

Esta seção tem a finalidade de apresentar os recursos de aprendizagem utilizados no decorrer da obra, de modo a evidenciar os aspectos didático-pedagógicos que nortearam o planejamento do material e como o leitor pode tirar o melhor proveito dos conteúdos para seu aprendizado.

Neste capítulo, trataremos sobre bacia hidrográfica, sua função ambiental e hidrológica e os métodos mais utilizados para sua análise. De início, abordar o conceito de bacia hidrográfica e sua abordagem geográfica, para, então, entrarmos no quesito da análise fisiográfica de seus componentes, considerando aspectos dos canais de drenagem, da geometria das bacias e do relevo.

1.1 **Conceito de bacia hidrográfica**

O conceito de **bacia hidrográfica** está relacionado à área de drenagem de um rio. Na definição clássica de Christofoletti (1980, p. 102), a *bacia hidrográfica* consiste na "área drenada por um determinado rio ou por um sistema fluvial". Por *área drenada* podemos entender uma parte da superfície terrestre, compartimentada naturalmente pelo relevo, que recebe a água da chuva e a converge para um único ponto, chamado *exutório* (Silveira, 2012).

Na Figura 1.1, está representada uma bacia hidrográfica hipotética e alguns de seus elementos principais. A linha pontilhada representa o divisor de águas da bacia, que podemos chamar também de *interflúvio*; dentro desse limite, temos as nascentes, que formam os rios tributários e o rio principal, convergindo toda a água escoada na bacia para um único ponto, seu exutório. Além da rede de drenagem, a figura apresenta outro elemento importante: a coexistência de diferentes usos da terra dentro dos limites da bacia.

O uso da terra é o tipo de atividade desenvolvida em determinada área. Na Figura 1.1, por exemplo, podemos observar uso

19

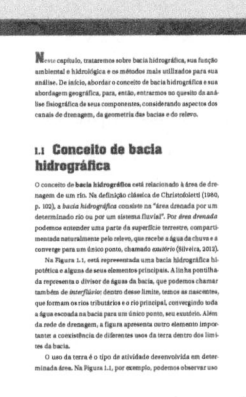

Introdução do capítulo

Logo na abertura do capítulo, você é informado a respeito dos conteúdos que nele serão abordados, bem como dos objetivos que o autor pretende alcançar.

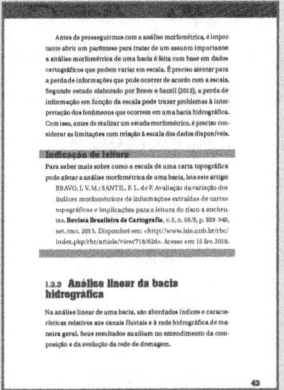

Antes de prosseguirmos com a análise morfométrica, é importante abrir um parêntese para tratar de um assunto importante: a análise morfométrica de uma bacia é feita com base em dados cartográficos que podem variar em escala. É preciso atentar para a perda de informações que pode ocorrer de acordo com a escala. Segundo estudo elaborado por Bravo e Santil (2013), a perda de informação em função da escala pode trazer problemas à interpretação dos fenômenos que ocorrem em uma bacia hidrográfica. Com isso, antes de realizar um estudo morfométrico, é preciso considerar as limitações com relação à escala dos dados disponíveis.

Indicação de leitura

Para saber mais sobre como a escala de uma carta topográfica pode afetar a análise morfométrica de uma bacia, leia este artigo:

BRAVO, J. V. M.; SANTIL, F. L. de P. Avaliação da variação dos índices morfométricos de informações extraídas de cartas topográficas e implicações para a leitura do risco a enchentes. **Revista Brasileira de Cartografia**, v. 5, n. 65/5, p. 939-949, set./out. 2013. Disponível em: <http://www.lsie.unb.br/rbc/index.php/rbc/article/view/718/626>. Acesso em: 15 fev. 2018.

1.2.3 **Análise linear da bacia hidrográfica**

Na análise linear de uma bacia, são abordados índices e características relativos aos canais fluviais e à rede hidrográfica de maneira geral. Seus resultados auxiliam no entendimento da composição e da evolução da rede de drenagem.

43

Indicação de leitura

Aqui você encontra leituras que fazem um convite à reflexão sobre o conteúdo trabalhado na seção.

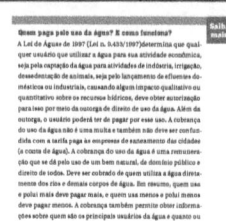

Saiba mais
Nesta seção, a autora disponibiliza informações complementares referentes aos temas tratados nos capítulos.

Síntese
Você conta, nesta seção, com um recurso que o instigará a fazer uma reflexão sobre os conteúdos estudados, de modo a contribuir para que as conclusões a que você chegou sejam reafirmadas ou redefinidas.

Indicações culturais
Nesta seção, o autor oferece algumas indicações de livros, filmes ou *sites* que podem ajudá-lo a refletir sobre os conteúdos estudados e permitir o aprofundamento em seu processo de aprendizagem.

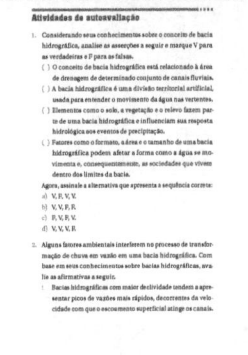

Atividades de autoavaliação

Com estas questões objetivas, você tem a oportunidade de verificar o grau de assimilação dos conceitos examinados, motivando-se a progredir em seus estudos e a se preparar para outras atividades avaliativas.

Atividades de aprendizagem

Aqui você dispõe de questões cujo objetivo é levá-lo a analisar criticamente determinado assunto e aproximar conhecimentos teóricos e práticos.

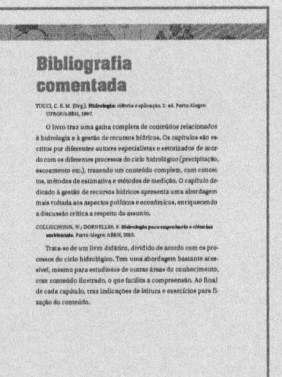

Bibliografia comentada

Nesta seção, você encontra comentários acerca de algumas obras de referência para o estudo dos temas examinados.

Introdução

Conceito de hidrologia

A hidrologia é a ciência que estuda o movimento da água na superfície terrestre. Atualmente, são várias as definições apresentadas por estudiosos da área para conceituar e explicar o objeto de estudo dessa ciência. Para chegar a essa definição, no entanto, é necessário descobrir o aspecto que diferencia a hidrologia de outras ciências, como meteorologia, climatologia, oceanografia, entre outras que também têm como um dos objetos de estudo a água, suas propriedades e sua relação com outros elementos naturais.

Nas últimas décadas, com o crescimento das atividades voltadas à hidrologia e com o amadurecimento da ciência em si, uma definição mais precisa do conceito de hidrologia é aceita: segundo Brutsaert (2005), *hidrologia* é a ciência que estuda os **aspectos do ciclo da água na natureza** relacionados aos **processos hidrológicos continentais**, que são os processos físicos e químicos que ocorrem durante o "caminho" da água (sólido, líquido e vapor) no ciclo hidrológico, e ao **balanço hídrico global**, que diz respeito às características espaço-temporais da transferência de água (sólida, líquida e vapor) entre todos os compartimentos do sistema global, como atmosfera, oceanos e continentes.

Brutsaert (2005) afirma ainda que a especificidade em trabalhar apenas com processos continentais é o aspecto que distingue a hidrologia das demais ciências que estudam a água em outros domínios específicos, como os oceanos, a atmosfera ou as geleiras; por outro lado, é importante salientar que a hidrologia é uma ciência integrada, que relaciona as demais áreas das geociências, considerando todos os compartimentos nos quais há troca e transferência de água que influenciam o ciclo hidrológico continental.

Tucci (2012) divide o estudo da hidrologia em duas partes, de acordo com a função que exerce na sociedade: a ciência hidrológica e a hidrologia aplicada. A primeira é o ramo que se dedica ao desenvolvimento clássico do conhecimento científico, enquanto a segunda é voltada para os fatores relevantes ao provimento de água para as diversas atividades da sociedade.

A hidrologia, apesar de ter uma origem muito antiga, conforme veremos no próximo item, consolidou-se como ciência apenas em meados do século XX, e divide-se em áreas para especialização do estudo de processos específicos, como escoamento, água subterrânea, evapotranspiração, transporte de sedimentos, qualidade da água, questões relacionadas a reservatórios, entre outros.

A hidrologia como ciência está preocupada em representar os processos físicos que se dão em uma bacia hidrográfica. Para isso, em diversas partes do planeta, são equipadas bacias experimentais, continuamente monitoradas com o objetivo de aprimorar os métodos de representação e equacionamento e de entender melhor os processos atuantes ali. Nesse contexto, a ciência hidrológica se desenvolve em dois ramos principais: o ramo determinístico, no qual a descrição dos fenômenos tem uma dinâmica que pode ser representada por equações diferenciais, e o ramo estocástico, no qual são envolvidos os aspectos probabilísticos dos fenômenos (Tucci, 2012).

A hidrologia aplicada está relacionada aos problemas que envolvem o uso dos recursos hídricos por parte da sociedade, ou seja, é a aplicação do conhecimento científico para usufruto da sociedade. Os estudos hidrológicos se aplicam às questões de disponibilidade hídrica, regularização de vazões, planejamento do uso dos recursos hídricos e gestão dos recursos hídricos (Tucci, 2012). É o ramo onde atuam as empresas que prestam serviços relacionados ao meio ambiente e aos recursos hídricos.

I

Bacias hidrográficas e balanço hídrico

Neste capítulo, trataremos sobre bacia hidrográfica, sua função ambiental e hidrológica e os métodos mais utilizados para sua análise. De início, abordar o conceito de bacia hidrográfica e sua abordagem geográfica, para, então, entrarmos no quesito da análise fisiográfica de seus componentes, considerando aspectos dos canais de drenagem, da geometria das bacias e do relevo.

1.1 Conceito de bacia hidrográfica

O conceito de **bacia hidrográfica** está relacionado à área de drenagem de um rio. Na definição clássica de Christofoletti (1980, p. 102), a *bacia hidrográfica* consiste na "área drenada por um determinado rio ou por um sistema fluvial". Por *área drenada* podemos entender uma parte da superfície terrestre, compartimentada naturalmente pelo relevo, que recebe a água da chuva e a converge para um único ponto, chamado *exutório* (Silveira, 2012).

Na Figura 1.1, está representada uma bacia hidrográfica hipotética e alguns de seus elementos principais. A linha pontilhada representa o divisor de águas da bacia, que podemos chamar também de *interflúvio*; dentro desse limite, temos as nascentes, que formam os rios tributários e o rio principal, convergindo toda a água escoada na bacia para um único ponto, seu exutório. Além da rede de drenagem, a figura apresenta outro elemento importante: a coexistência de diferentes usos da terra dentro dos limites da bacia.

O uso da terra é o tipo de atividade desenvolvida em determinada área. Na Figura 1.1, por exemplo, podemos observar uso agrícola, uso para habitação e a existência de floresta nas áreas próximas às nascentes e aos rios tributários. No contexto das ciências ambientais e da geografia, é bastante importante relacionar o uso da terra ao conceito de bacia hidrográfica, pois, como veremos no decorrer deste capítulo, a ocupação e o uso da terra na região exercem influência relevante no ciclo da água.

Figura 1.1 - Bacia hidrográfica hipotética

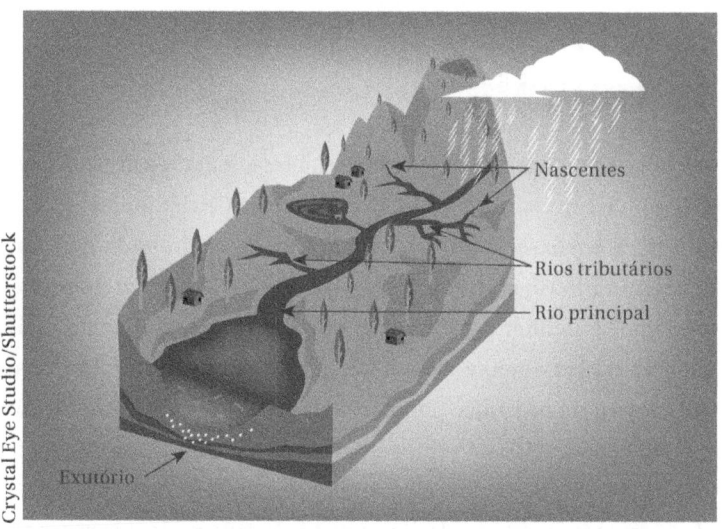

Crystal Eye Studio/Shutterstock

Toda a superfície terrestre se encontra sobre uma bacia hidrográfica, ou seja, cada um de nós vive e desenvolve atividades nos limites de alguma bacia, podendo ser ela em uma área rural ou urbana. Então, para percebermos que uma bacia hidrográfica é composta de uma vasta gama de elementos, basta considerar o que temos ao redor. Se estamos em uma cidade, consideramos ruas, calçadas, moradias, áreas verdes e todos os elementos, naturais ou não, que compõem uma área urbana. Já em uma área rural, é preciso considerar outros aspectos, como os tipos de cultura agrícola, a existência da criação de animais, a utilização de agroquímicos, entre outros.

É importante considerar todos esses elementos, pois a existência de diferentes atividades em uma bacia pode alterar sua resposta hidrológica, isto é, a quantidade e a velocidade com que a água se infiltra e/ou escoa pela vertente até chegar ao canal. Para estudar e representar a resposta hidrológica de uma bacia hidrográfica a um evento de precipitação, utiliza-se o **hidrograma** (exemplificado no Gráfico 1.1).

O hidrograma representa o que acontece na bacia durante e após a precipitação: depois de um intervalo de tempo decorrido do início da chuva, o nível de água no rio começa a subir, caracterizando a curva ascendente do hidrograma, momento que chamamos de *ascensão*. A ascensão rápida do hidrograma ocorre em razão do escoamento superficial, que é a parcela de água da chuva que escoa pela superfície do solo chegando aos rios. A essa parcela de chuva damos o nome de *chuva efetiva*.

Após cessar a chuva, a curva do hidrograma começa a decair, entrando no que chamamos de *recessão*. Quando isso ocorre, a parcela de chuva que infiltrou no solo é responsável pela manutenção da água no canal, agora chamada *escoamento de base*. Mais detalhes sobre os tipos de escoamento serão apresentados no Capítulo 2.

No hidrograma do Gráfico 1.1, as áreas hachuradas representam a chuva efetiva e a vazão de saída causada pelo escoamento superficial. O tempo representado no eixo x do gráfico consiste no período de concentração da bacia, que é o tempo que a água da chuva leva para fluir das vertentes até o exutório.

Gráfico 1.1 – Hidrograma unitário

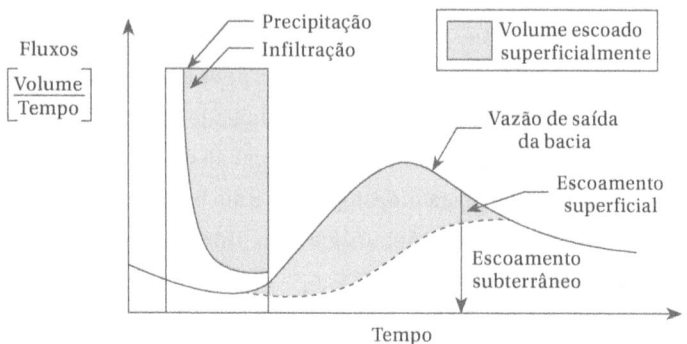

Fonte: Silveira, 2012, p. 42.

Em virtude da influência que as diferentes atividades exercem sobre o ciclo hidrológico, as bacias podem ser classificadas em: bacias naturais, que são aquelas em áreas de vegetação nativa com nenhuma ou pouca influência antrópica; bacias rurais, que são aquelas em áreas cuja atividade principal é a agricultura e/ou a pecuária; e bacias urbanas, que se localizam em áreas urbanizadas.

Em *bacias naturais*, os fatores que influenciam o ciclo hidrológico e a resposta hidrológica estão relacionados à localização das bacias no globo e às características do bioma em que estão inseridas. Por exemplo, uma bacia hidrográfica em área de floresta tropical apresenta naturalmente maior umidade do que uma bacia em área de caatinga. Isso ocorre porque, em florestas tropicais, além de haver um maior volume de chuvas, dada sua característica climática, a própria vegetação produz umidade por meio da evapotranspiração das plantas.

Em *bacias urbanas e rurais*, por outro lado, diferentes fatores influenciam quantitativa e qualitativamente o fluxo de água. Em áreas urbanas, a retirada de vegetação natural para a construção de habitações, por exemplo, pode ocasionar uma mudança na velocidade com que a água escoa pela vertente, pois a urbanização causa a impermeabilização do solo, fazendo com que a água que deveria infiltrar escoe superficialmente, chegando mais rápido aos rios.

Vamos considerar, como exemplo, o desflorestamento da Mata Atlântica que ocorreu em virtude da urbanização no Brasil. Em condições naturais, a vegetação de floresta oferece uma proteção ao solo, pois suas folhas formam uma barreira para as gotas de água da chuva e suas raízes e matéria orgânica reduzem a velocidade com que a água escoa pela vertente até chegar ao canal. Quando ocorre o desmatamento, as gotas de água atingem o solo com maior facilidade, e o percurso da água pela vertente pode ser acelerado. Essa aceleração ocorre ainda com maior potência em áreas impermeabilizadas com calçadas e arruamentos. Além disso, visando à ocupação urbana, são feitas nas cidades obras de drenagem, que alteram física e mecanicamente o leito dos rios, modificando sua capacidade natural de transportes.

Em bacias rurais, a substituição da vegetação natural por pastagens ou culturas agrícolas também afeta o ciclo hidrológico, modificando os padrões de infiltração e escoamento. Entretanto, o alto grau de impermeabilização de uma bacia urbana faz com que o pico de vazão ocorra mais rapidamente do que em uma bacia rural durante um evento de chuva. No Gráfico 1.2 está a representação hipotética de um hidrograma de uma bacia urbana e de uma bacia rural.

Gráfico 1.2 – Hidrograma comparativo entre uma bacia rural e uma bacia urbana

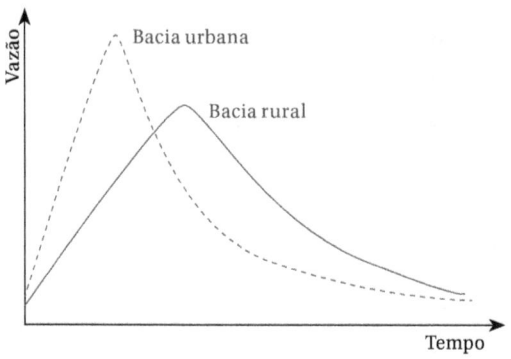

Na bacia urbana, tendo em vista a maior velocidade do escoamento superficial, o hidrograma atinge o pico mais rapidamente. Na bacia rural, o pico do hidrograma é atingido de forma mais gradual. Outros aspectos da bacia também podem afetar a resposta hidrológica, tanto em bacias rurais e urbanas como em bacias naturais. Por exemplo, em uma bacia com formato radial ou em uma região de montanha, o hidrograma se assemelha mais ao de uma bacia urbana, pois o relevo acidentado e o formato circular fazem com que a água convirja para o exutório mais rapidamente. Já em bacias com forma alongada, ou localizadas em áreas mais planas, o movimento da água pelas vertentes tende a ser mais lento, fazendo com que o hidrograma seja mais parecido com o das bacias rurais (Gráfico 1.3).

Gráfico 1.3 – Hidrograma comparativo entre diferentes tipos de bacias hidrográficas

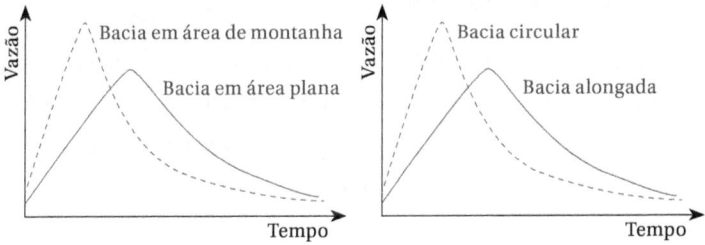

É importante ressaltar que esses aspectos são relativos e que, conforme vimos anteriormente, vários são os fatores que podem influenciar na resposta hidrológica de uma bacia, além de sua forma ou do tipo de relevo em que está inserida, como a presença ou não de vegetação, sua localização geográfica e a intensidade da chuva.

Outro aspecto de grande importância que afeta as bacias urbanas e rurais é a alteração qualitativa da água. O esgotamento sanitário, o lançamento de efluentes industriais e a existência de lixões irregulares são alguns dos fatores que influenciam a qualidade da água em bacias urbanas. Em bacias rurais, isso se dá, por exemplo, pelo uso de agroquímicos em culturas agrícolas e pelo lançamento de dejetos de animais de criação em corpos hídricos.

Conforme observamos, a bacia hidrográfica engloba diversos fatores presentes na natureza e na sociedade, razão por que é um objeto de estudo bastante comum na ciência geográfica, na hidrologia e nas ciências ambientais de modo geral. Com isso, é importante que saibamos delimitar corretamente uma bacia e interpretar e analisar suas principais características. Isso será abordado nos próximos itens.

1.2 Delimitação de uma bacia hidrográfica

A bacia é delimitada pelo que chamamos de *divisor de águas* ou *divisor topográfico*, que consiste numa linha imaginária localizada na parte mais alta do relevo entre duas vertentes, conforme é apresentado de forma didática na Figura 1.2.

Figura 1.2 – Corte transversal de uma bacia hidrográfica

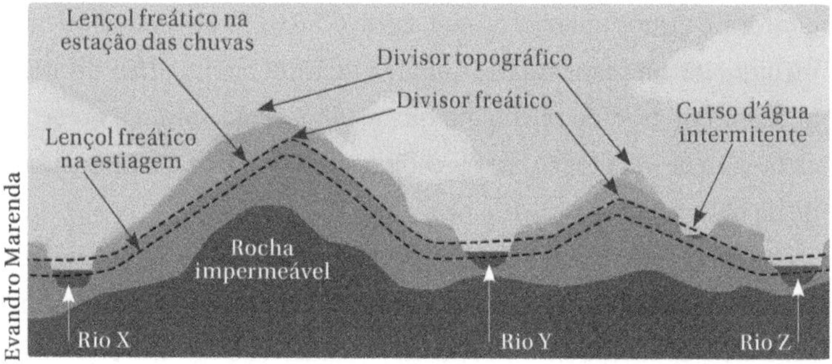

Fonte: Villela; Mattos, 1975, p. 11.

Para delimitar uma bacia hidrográfica, usamos como base os divisores de água. Isso pode ser feito manualmente, utilizando-se uma carta topográfica, ou digitalmente, com o apoio de Sistemas de Informações Geográficas (SIGs).

Uma carta topográfica apresenta feições que possibilitam a delimitação manual da bacia: a **rede de drenagem** e a **representação do relevo**.

A rede de drenagem, também chamada de *sistema de drenagem*, *rede fluvial* ou *sistema fluvial*, é o conjunto de rios (ou canais fluviais) que formam uma bacia hidrográfica. Uma rede hidrográfica é formada por um canal principal e seus tributários, também chamados *afluentes*, que são os canais menores que deságuam nos canais maiores. Esse encontro de canais é chamado *confluência*.

Nesse ponto, é importante abrirmos um parêntese para tratar dos diferentes tipos de canal. Segundo Villela e Mattos (1975), os canais podem ser classificados de acordo com a constância do escoamento, que é a frequência da existência de água no canal. Assim, um rio ou canal pode ser (I) perene, (II) intermitente e (III) efêmero.

Um canal **perene** é aquele que mantém um fluxo contínuo de água durante todo o tempo, inclusive em épocas em que não ocorre chuva. Um canal **intermitente** geralmente tem fluxo de água durante períodos chuvosos, mas não em períodos secos. Um canal **efêmero** é aquele que tem fluxo de água durante ou após eventos de chuva.

O fator principal que pode determinar se um canal vai ser perene, intermitente ou efêmero é o nível freático. O nível freático representa a altura em que se encontra o lençol freático, que é a zona permanentemente saturada do solo. Quando o nível freático está permanentemente acima do nível do leito do rio, tem-se um rio perene; quando o nível oscila em função da estação do ano, por exemplo, tem-se um rio intermitente; e quando o nível fica permanentemente abaixo do leito do rio, ascendendo apenas em eventos de chuva, tem-se um rio efêmero. A determinação do nível freático, por sua vez, vai depender de uma gama de elementos naturais, como o relevo, o clima, o tipo de solo, a geologia e a geomorfologia do local.

A representação do relevo é feita basicamente por curvas de nível e pontos cotados. As curvas de nível são linhas imaginárias de igual distância que representam o relevo em determinada área. Os pontos cotados são pontos localizados em determinada coordenada geográfica que tem também uma informação de altitude.

Os pontos são informações adicionais às curvas, para representar áreas específicas – por exemplo, topos de morros.

O exutório consiste no ponto escolhido para a delimitação da bacia e pode estar situado em uma confluência ou em qualquer parte do percurso do canal fluvial. Por exemplo, uma bacia hidrográfica pode ser delimitada em diferentes pontos, que são definidos de acordo com a necessidade. Após a definição do exutório, inicia-se o traçado da delimitação da bacia em direção às nascentes, ou seja, a montante do ponto demarcado. **Montante** e ***jusante*** são termos comumente utilizados em hidrologia para fazer referência à direção das nascentes (montante) e da foz (jusante) e são relativos à posição do observador, conforme Figura 1.3.

A bacia representada na Figura 1.3 foi delimitada em três pontos em seu rio principal: A, B e C. O ponto A está a montante dos pontos B e C. O ponto C está a jusante dos pontos A e B, enquanto o ponto B está a jusante do ponto A, mas a montante do ponto C. A princípio, podemos definir da seguinte forma: ao indicarmos o ponto C, tudo que está a sua montante dentro dos limites da bacia (linha pontilhada) faz parte de sua área de drenagem; o mesmo vale para os pontos B e A. Para definir as linhas que delimitam a bacia, devemos seguir uma regra que depende da representação do relevo dessa bacia, conforme veremos a seguir.

Figura 1.3 - Exemplo da delimitação de bacias hidrográficas em um mesmo canal fluvial

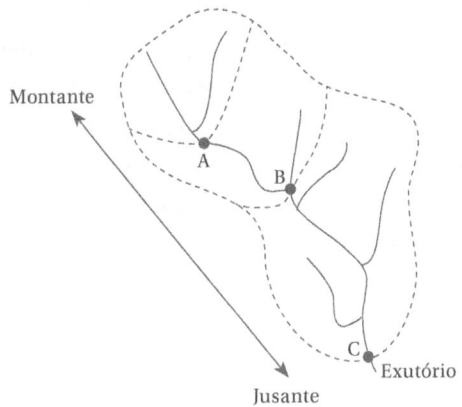

As bacias traçadas "dentro" do limite de bacias maiores, como ocorre na Figura 1.3, são comumente chamadas *sub-bacias* ou *microbacias*. A definição específica de cada uma vai depender da abordagem científica de cada autor. Segundo Teodoro et al. (2007), alguns autores preferem usar o critério do tamanho para definir sub-bacias e microbacias, como é o caso de Faustino (1996), ou critérios ecológicos, como é o caso de Mosca (2003) e Attanasio (2004).

Na Figura 1.4, na sequência, a imagem I retrata uma rede de drenagem hipotética, cujo canal principal está representado por um traço mais espesso. O ponto triangular situado na confluência demarca o exutório da bacia. A imagem II apresenta as informações altimétricas referentes à mesma área, as curvas tracejadas são as curvas de nível e os pontos são os pontos cotados. Os números representam a altitude das curvas de nível, que, nessa área, variam entre 830 metros próximo ao exutório até 1020 metros próximo à nascente.

Tendo reconhecido esses elementos e definido o exutório da bacia, podemos passar adiante no processo de delimitação. Na imagem III, unimos a rede hidrográfica à representação do relevo tal qual aparece numa carta topográfica. E, então, traçamos, a partir do ponto escolhido como exutório, uma linha, que passa por todos os pontos mais altos do relevo (observe a linha passando sobre os pontos cotados na imagem IV) no entorno de toda a área de contribuição do canal principal, terminando no mesmo ponto de início. Feito isso, está delimitada a bacia hidrográfica.

Figura I.4 – Delimitação de uma bacia hidrográfica com base nos elementos de uma carta topográfica

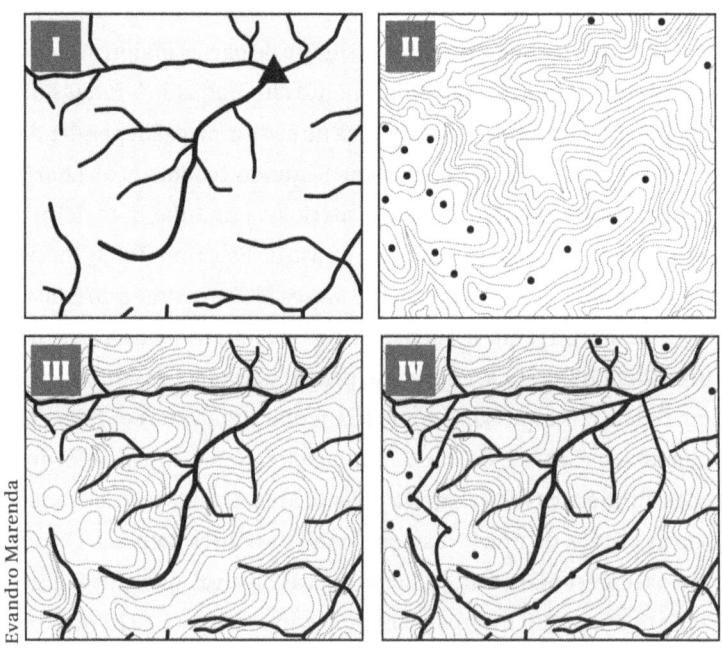

Evandro Marenda

Fonte: Elaborado com base em Aguasparaná, 2018.

Saber os princípios da delimitação de uma bacia hidrográfica é elementar para um estudante de geografia ou de qualquer outra ciência que aborde assuntos ambientais, pois a bacia hidrográfica é uma unidade de paisagem de grande importância na hidrologia e na gestão de recursos hídricos. Por isso, ainda que atualmente a existência de geotecnologias permita a delimitação automática de bacias hidrográficas, é de suma importância que saibamos os elementos necessários e os critérios utilizados em sua delimitação.

Atualmente, os Sistemas de Informação Geográfica (SIGs) são bastante utilizados para delimitação e análise de bacias hidrográficas. Existe uma grande gama de sistemas que possibilitam sua delimitação e sua análise por meio de processamento digital de informações. Para compreender esse tema, será necessário abordar brevemente o funcionamento da estrutura de dados em um SIG.

De acordo com Tôsto et al. (2014, p. 33), um SIG "representa a união de hardware e software capazes de armazenar, analisar e processar dados georreferenciados". Os dados armazenados, processados e produzidos em um SIG podem estar em formato **raster** ou **vetorial**. O formato *raster* tem como base uma matriz numérica e uma malha de *pixels*, em que cada *pixel* tem um valor que representa determinada feição (Figura 1.5). O formato vetor é representado por feições geométricas que podem ser linhas, pontos ou polígonos. Ambos os formatos podem representar as mesmas feições do mundo real, porém a forma como armazenam e processam os dados referentes a essas feições é o que os diferencia.

Observe, na Figura 1.5, o modo como a "realidade" é representada nos dois formatos. À esquerda, a representação *raster*, em uma malha matricial em que cada *pixel* tem um valor referente a um elemento; à direita, as feições geométricas, em que o rio é representado por uma linha, a área de vegetação é representada por um polígono, e a casa, por um ponto.

A informação contida em cada uma dessas feições fica armazenada em um banco de dados e pode ser analisada por meio do que chamamos de *tabela de atributos*. Nesse contexto, é possível realizar a delimitação e a análise de bacias hidrográficas via SIG. A lógica é a mesma utilizada para a delimitação com a carta topográfica; no entanto, o sistema se baseia nas informações de altitude, contidas nas curvas de nível e nos pontos cotados, para criar um modelo da realidade, possibilitando a identificação dos divisores de água e o traçado do limite da bacia.

Figura 1.5 - Diferença entre representações *raster* e vetorial

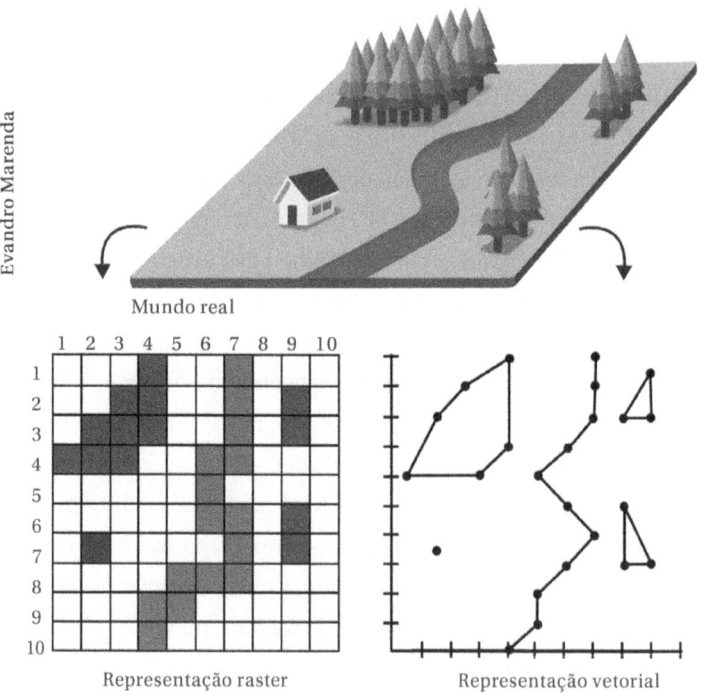

Fonte: Elaborado com base em Types...,2007.

Assim, o modo mais usual da delimitação automática de bacias requer que, primeiramente, seja elaborado o modelo do terreno. Este pode ser gerado, basicamente, de duas formas: por triangulação ou por matriz. O modelo gerado por triangulação é feito por meio da ligação triangular de três pontos interpolados matematicamente criando uma malha de representação do relevo, comumente reconhecida como *Triangular Irregular Network* (TIN), muito utilizada para representação 3D do relevo. O modelo por matriz utiliza as informações de altitude (que podem ser obtidas na digitalização de uma carta topográfica, de uma imagem aérea ou imagem de satélite) para criar um produto *raster*, também por meio de interpolação matemática. Nesse caso, cada *pixel* desse *raster* tem um valor que representa a altitude. Esse tipo de representação é conhecido como *Modelo Digital do Terreno* (MDT), amplamente utilizado em modelagem de bacias hidrográficas. A Figura 1.6 apresenta um exemplo do modelo TIN e um exemplo do MDT, gerados para uma mesma área.

Figura 1.6 – Modelos de representação do relevo

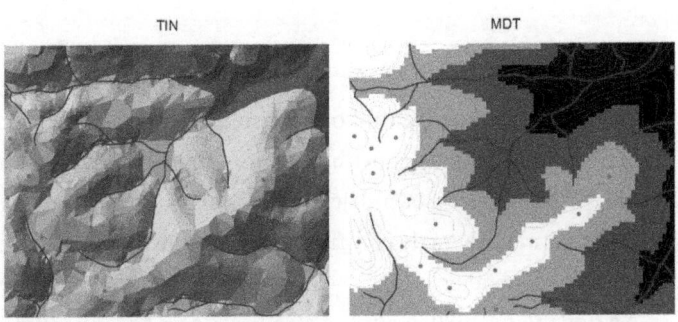

Pelo MDT, é possível identificar a provável direção do fluxo e o fluxo acumulado em uma área. A direção de fluxo é determinada para cada *pixel* tendo como base oito *pixels* vizinhos, que representam as oito direções possíveis em que pode ocorrer o escoamento (Figura 1.7).

Figura 1.7 - Elaboração da direção de fluxo

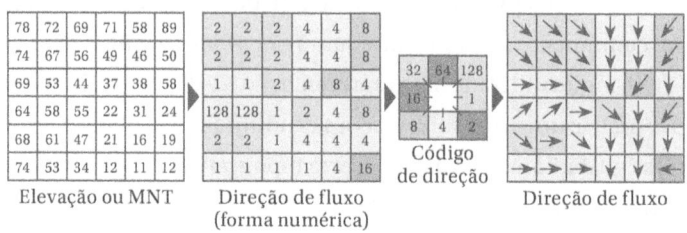

Elevação ou MNT   Direção de fluxo   Código   Direção de fluxo
                   (forma numérica)   de direção

Fonte: Alves Sobrinho et al., 2010, p. 50.

É válido ressaltar que o uso de geotecnologias para análise de bacias e análise ambiental de maneira geral deve ser feito com cuidado. É preciso verificar questões como fonte dos dados, escala, erros de mapeamento, entre outros. Ao utilizar dados de má qualidade para delimitação automática de bacias, o limite poderá ficar incoerente com a realidade.

Saiba mais

Sistema Otto de codificação de bacias

Conforme vimos, cada canal ou trecho de drenagem em uma bacia hidrográfica pode contribuir de diferentes maneiras. Para fins de gestão de recursos hídricos, ou de estudos hidrológicos, é necessário um sistema de codificação que permita identificar as bacias e as sub-bacias.

Na década de 1980, o engenheiro brasileiro Otto Pfafstetter desenvolveu uma metodologia de codificação que é utilizada até os dias atuais principalmente na gestão de recursos hídricos no Brasil. As bacias codificadas com essa metodologia são chamadas *Ottobacias*.

A codificação das Ottobacias é feita da seguinte forma:

1. Determina-se o rio principal considerando aquele que tem maior área de drenagem.
2. Com base no mesmo critério (área de drenagem), determinam-se os quatro maiores afluentes do rio principal.
3. Aos quatro principais afluentes, são atribuídos números de 1 a 4, de jusante para montante, considerando o rio principal, em sentido horário.
4. As bacias que restarem entre os quatro principais afluentes são denominadas *interbacias* e devem ser numeradas de 1 a 9, também de jusante para montante, em sentido horário.

Assim, as bacias que terminam com números pares são sub-bacias (bacias com maior área de contribuição) e aquelas que terminam com números ímpares são interbacias.

Após a codificação de uma bacia, é feita a codificação de cada sub-bacia, seguindo a mesma regra e agregando-se o novo código ao anterior, conforme o exemplo a seguir.

Figura 1.8 - Exemplo da codificação proposta por Otto Pfafstetter

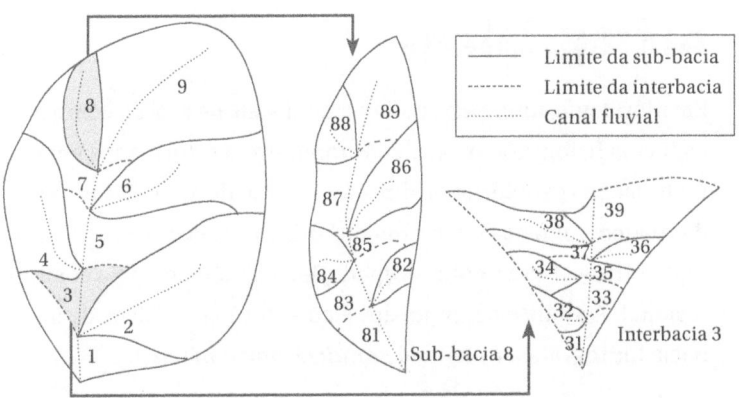

Fonte: Verdin; Verdin, 1999, p. 4, tradução nossa.

A codificação Otto é a mais utilizada porque representa um método natural hierárquico, que considera a divisão natural da bacia hidrográfica e a rede de drenagem, além de ser capaz de codificar um grande número de bacias com número reduzidos de caracteres.

Indicação de leitura

Para entender melhor o processo de delimitação automática de bacias hidrográficas, leia o seguinte artigo:

ALVES SOBRINHO, T. et al. Delimitação automática de bacias hidrográficas utilizando dados SRTM. **Engenharia Agrícola**, Jaboticabal, v. 30, n. 1, p. 46-57, jan./fev. 2010. Disponível em: <http://www.scielo.br/pdf/eagri/v30n1/a05v30n1>. Acesso em: 27 abr. 2018.

1.3 Análise de bacias hidrográficas

Em hidrologia, uma bacia pode ser analisada de acordo com seus aspectos fisiográficos, que comumente são setorizados em características geométricas, hipsométricas e de área. Essas medidas podem ser feitas manualmente, utilizando como base a carta topográfica e ferramentas de medição, ou por tecnologia computacional. A análise conjunta dos elementos fisiográficos de uma bacia hidrográfica é chamada *análise morfométrica*.

A dinâmica hidrológica em uma bacia se modifica conforme suas características físicas, por exemplo, em bacias alongadas, a propagação e a velocidade do fluxo da água são diferentes das de uma bacia circular; uma bacia com alta densidade de drenagem pode apresentar maior disponibilidade de água do que uma bacia com baixa densidade. Nos itens a seguir, vamos abordar os principais elementos de análise de uma bacia, considerando indicadores de drenagem, geometria e relevo.

1.3.1 Padrões de drenagem

O padrão de drenagem de uma bacia hidrográfica consiste no arranjo espacial dos cursos de água, que podem ser influenciados pela formação geológica da bacia, incluindo resistência litológica, declividade e evolução geomorfológica da paisagem (Christofoletti, 1980). Os principais tipos de padrão de drenagem (Figura 1.9) e sua explicação serão apresentados a seguir, segundo Christofoletti (1980) e Howard (1967).

» **Drenagem dendrítica** – Esse padrão de drenagem é também chamado *padrão arborescente*, pois seu formato lembra a configuração de uma árvore. Nesse tipo de drenagem, os canais tributários têm sua confluência com outros canais, formando ângulos agudos, geralmente em formato de V. Ocorre comumente em áreas de rochas sedimentares e ígneas. Muito raramente, são observadas confluências em ângulo reto no padrão de drenagem dendrítico.

O padrão dendrítico apresenta subsidiários que podem ser caracterizados como **pinado**, **subparalelo** ou **anastomosado**. Um padrão pinado ocorre quando há confluência de rios paralelos que se unem ao rio principal em ângulos agudos. O tipo anastomosado ocorre em planícies de inundação e consiste em canais com confluências e bifurcações aleatórias, meandros, meandros abandonados e canais entrelaçados (Figura 1.9).

Figura 1.9 – Padrão de drenagem dendrítico e subsidiários

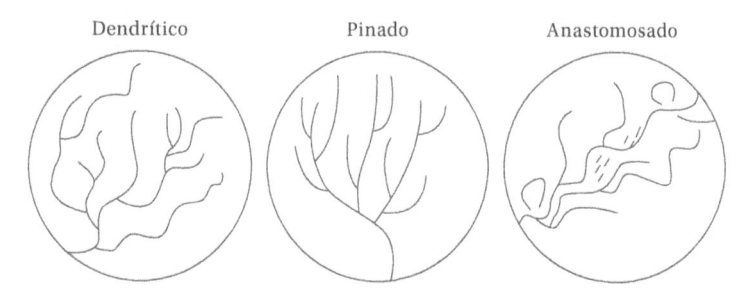

Dendrítico   Pinado   Anastomosado

Fonte: Elaborado com base em Christofoletti, 1980.

» **Drenagem em treliça** – Esse tipo de padrão é composto de rios principais consequentes que têm seu curso determinado pela declividade da vertente e fluem paralelamente recebendo tributários em direção transversal aos primeiros. Isso se dá em razão de fraturas existentes na estrutura rochosa. Em geral, nas redes de drenagem com padrão treliça, as confluências ocorrem em ângulos retos.

Figura 1.10 – Padrão de drenagem treliça

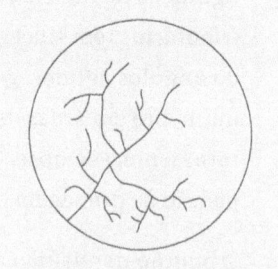

Esse tipo de padrão de drenagem é encontrado mais comumente em estruturas geológicas com diferentes resistências e em áreas de glaciação (Figura 1.10).

Fonte: Elaborado com base em Christofoletti, 1980.

» **Drenagem retangular** - Consiste em uma modificação do padrão de drenagem de treliça. Tem esse nome em virtude da ocorrência de alterações bruscas em formato retangular no curso dos canais fluviais. Geralmente, está associado a falhas em rochas ígneas e sedimentares (Figura 1.11).

Figura 1.11 - Padrão de drenagem retangular

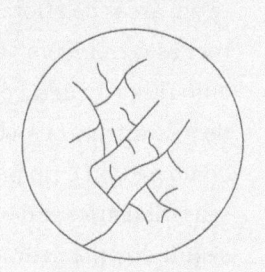

Fonte: Elaborado com base em Christofoletti, 1980.

» **Drenagem radial** - Esse tipo de padrão de drenagem se apresenta disposto em formato circular em relação a um ponto central (Figura 1.12), podendo se desenvolver de duas formas principais: (I) centrífuga - quando a drenagem flui a partir de um ponto que se encontra em altitude elevada, por exemplo, morros isolados; (II) centrípeta - quando há convergência do fluxo do rio para áreas mais baixas, como crateras e depressões.

Figura 1.12 - Padrão de drenagem radial

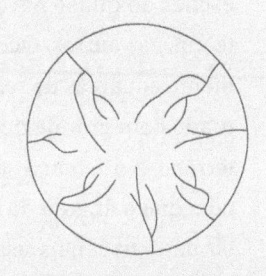

Fonte: Elaborado com base em Christofoletti, 1980.

» **Padrão de drenagem anelar** – Esse tipo de drenagem ocorre em áreas de afloramento de rochas com menor resistência, cujo fluxo da água é controlado pela estrutura rochosa. Tem como padrão o rio principal, e seus tributários se desenvolvem seguindo uma padrão circular (Figura 1.13).

Figura 1.13 – Padrão de drenagem anelar

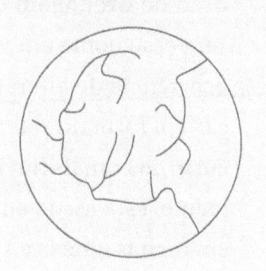

Fonte: Elaborado com base em Christofoletti, 1980.

» **Padrão de drenagem paralela** – O padrão paralelo é identificado quando uma extensa rede de drenagem tem seus canais escoando quase paralelamente uns aos outros. Ocorre geralmente em áreas de relevo acentuado com grande desnível no terreno. A diferença de nível faz com que o ângulo da confluência entre os canais seja mínimo, fazendo com fluam quase paralelamente.

Figura 1.14 – Padrão de drenagem paralela

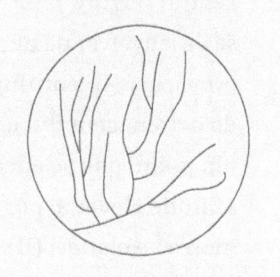

Fonte: Elaborado com base em Christofoletti, 1980.

1.3.2 Hierarquia fluvial

A hierarquia fluvial consiste na classificação de determinado canal de drenagem (e sua respectiva área) no conjunto da bacia hidrográfica. A hierarquização dos canais pode ser considerada o primeiro passo na análise de bacias hidrográficas, pois é um elemento requerido em grande parte das equações da análise morfométrica. Entre os sistemas de classificação existentes, destacam-se os propostos por Horton (1945) e Strahler (1957).

No sistema de classificação proposto por Horton, os canais que não têm nenhum afluente identificável são considerados canais de primeira ordem. Os canais de segunda ordem são aqueles formados por dois canais de primeira ordem. Os canais de terceira ordem, por sua vez, podem receber canais de segunda e também de primeira ordem. Nesse sistema, o canal principal tem a maior ordem da bacia, sendo essa ordem atribuída da nascente até a foz.

No sistema de classificação de Strahler, todos os canais que não têm afluentes são considerados canais de primeira ordem, incluindo a nascente do rio principal, ou nascentes de rios de primeira, segunda ou terceira ordem. Nessa classificação, os canais de segunda ordem são formados pela união de canais de primeira ordem; já os canais de terceira ordem originam-se da confluência de canais de segunda ordem, podendo receber também canais de primeira ordem, e assim sucessivamente.

A principal diferença entre os dois sistemas é que, no proposto por Strahler, não é necessário refazer a classificação a cada confluência, o que torna o método mais facilitado e descritivo, permitindo que seja também mais amplamente utilizado do que o método proposto por Horton.

Outra classificação relevante, porém menos utilizada, foi proposta por Scheidegger (1965). Segundo Christofoletti (1980), a classificação de Scheidegger exige que, primeiramente, seja feita a classificação de Strahler, para que seja atribuído a cada canal de primeira ordem o valor 2; a partir daí, é realizada a soma dos valores atribuídos.

Assim, ao dividirmos o número da ordem de qualquer conexão pelo valor 2, obtemos a quantidade de canais contribuintes até aquele ponto, na mesma lógica, utilizando o valor atribuído à última conexão ou confluência. Com isso, pela classificação de Scheidegger, é possível saber o número de nascentes que contribuíram para a formação do canal. Na Figura 1.15, são apresentados os sistemas de hierarquização fluvial.

Figura 1.15 – Hierarquização fluvial segundo Horton, Strahler e Scheidegger

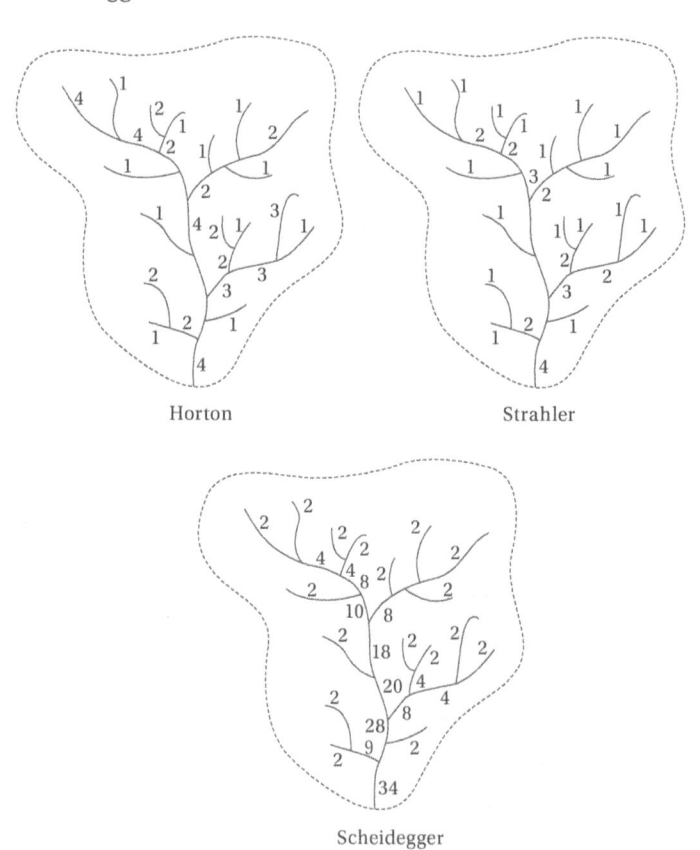

Horton

Strahler

Scheidegger

Fonte: Elaborado com base em Christofoletti, 1980.

Antes de prosseguirmos com a análise morfométrica, é importante abrir um parêntese para tratar de um assunto importante: a análise morfométrica de uma bacia é feita com base em dados cartográficos que podem variar em escala. É preciso atentar para a perda de informações que pode ocorrer de acordo com a escala. Segundo estudo elaborado por Bravo e Santil (2013), a perda de informação em função da escala pode trazer problemas à interpretação dos fenômenos que ocorrem em uma bacia hidrográfica. Com isso, antes de realizar um estudo morfométrico, é preciso considerar as limitações com relação à escala dos dados disponíveis.

Indicação de leitura

Para saber mais sobre como a escala de uma carta topográfica pode afetar a análise morfométrica de uma bacia, leia este artigo:
BRAVO, J. V. M.; SANTIL, F. L. de P. Avaliação da variação dos índices morfométricos de informações extraídas de cartas topográficas e implicações para a leitura do risco a enchentes. **Revista Brasileira de Cartografia**, v. 5, n. 65/5, p. 939-949, set./out. 2013. Disponível em: <http://www.lsie.unb.br/rbc/index.php/rbc/article/view/718/626>. Acesso em: 15 fev. 2018.

1.3.3 Análise linear da bacia hidrográfica

Na análise linear de uma bacia, são abordados índices e características relativos aos canais fluviais e à rede hidrográfica de maneira geral. Seus resultados auxiliam no entendimento da composição e da evolução da rede de drenagem.

I   Comprimento do rio principal

O rio principal é aquele que tem maior área de contribuição em uma bacia, ou seja, aquele com maior área de drenagem. Seu comprimento é a distância entre a foz, ou a desembocadura do rio, até sua nascente.

Anteriormente às geotecnologias, a medição da extensão do rio principal, assim como outras medições na bacia, incluindo sua área, eram feitas por meio de cartas topográficas com o auxílio de ferramentas como o curvímetro (para medir linhas) e o planímetro (para medir área). No entanto, nos últimos anos, essas medições são mais frequentemente realizadas diretamente em *softwares* de geoprocessamento. O comprimento do rio principal é uma variável requerida para a elaboração do perfil longitudinal.

II Relação de bifurcação

A relação de bifurcação foi definida por Horton (1945) e consiste na relação entre um total de segmentos de ordem "x" e o total de segmentos da ordem sucessiva. Utilizando a ordenação segundo a classificação de Strahler, o resultado nunca deverá ser menor do que 2. A relação de bifurcação é calculada por:

$$R_b = \frac{N_u}{N_{u+1}}$$

Em que R_b é a relação de bifurcação; N_u é o número de segmentos de determinada ordem; e N_{u+1} é o número de segmentos de ordem imediatamente superior.

O conhecimento da relação de bifurcação de uma bacia permite investigar o grau de desenvolvimento da rede de canais que compõe a bacia. Segundo Strahler (1952), o valor da relação de bifurcação geralmente está entre 3,0 e 4,0, não apresentando grande variação. Isso significa que o desenvolvimento dos canais se deu de forma gradual. Quando os valores da relação de bifurcação ultrapassam esse limite, ou apresentam grande amplitude de variação entre as ordens, pode significar maior influência da estrutura geológica na formação e na organização dos canais.

III Extensão do percurso superficial

A extensão do percurso superficial consiste na distância média percorrida pelo escoamento desde o interflúvio até o canal. Essa variável afeta o desenvolvimento hidrológico e morfológico de uma bacia, pois interfere no tempo que o escoamento leva para chegar ao curso de água.

É calculado por:

$$Eps = \frac{1}{2Dd}$$

Em que *Eps* é a extensão do percurso superficial e *Dd* é o valor da densidade de drenagem.

1.3.4 Análise areal da bacia hidrográfica

Na análise areal de bacias, além das medições lineares, são também considerados os índices planimétricos da bacia. A análise areal nos auxilia a compreender aspectos básicos de forma e tamanho de uma bacia e como isso pode influenciar em sua resposta hidrológica.

I Área, comprimento e forma de uma bacia hidrográfica

A área de uma bacia hidrográfica é sua caraterística mais importante, pois é um dado fundamental que define sua potencialidade hídrica (Collischonn; Dornelles, 2013). A área de uma bacia (A) consiste em todo o conjunto fluvial colocado em plano horizontal e pode ser mensurada com o auxílio de *softwares* de geoprocessamento.

O comprimento de uma bacia (L) pode ser calculado com base em diversos critérios, medindo-se em linha reta: (I) a maior distância entre a foz e um ponto determinado ao longo do limite da bacia; (II) a distância entre a foz e o ponto mais alto ao longo do limite da bacia; (III) a distância que acompanha o rio principal (Christofoletti, 1980).

Para classificar a forma de uma bacia, geralmente procuramos associá-la a uma figura geométrica conhecida (a bacia será triangular, retangular ou circular). No sentido de diminuir a subjetividade da caracterização de forma de uma bacia, foram propostos alguns cálculos, como fator de forma e índice de circularidade, apresentados a seguir.

II Fator de forma

Um dos cálculos utilizados para a determinação da forma da bacia é o fator de forma (Kf), ou seja, o resultado da divisão entre largura média e comprimento do eixo da bacia, que, nesse caso, é a distância entre a foz e o ponto mais distante da foz no traçado do perímetro (Villela; Mattos, 1975). Para calcular o fator de forma, temos:

$$Kf = \frac{A}{L}$$

Em que Kf é o fator de forma; A é a área da bacia; e L é o comprimento medido desde o exutório até a cabeceira mais distante (m). Valores menores de Kf indicam a tendência de a bacia ser mais alongada.

A forma da bacia tem influência principalmente nos picos de vazão. Bacias com forma circular tendem a apresentar picos de enchentes mais elevados do que bacias com formato mais alongado. Isso ocorre porque bacias circulares podem apresentar canais tributários e canal principal mais curtos, o que diminui o percurso do escoamento e acelera a resposta da bacia aos eventos de chuva. Bacias com forma mais alongada – com valores de *Kf* mais baixos e índice de circularidade (*Ic*) mais próximos de zero. Índice que será visto a seguir – tendem a apresentar um canal principal mais longo, aumentando o tempo de resposta aos eventos de precipitação, o que diminui os picos de vazão, fazendo com que as cheias sejam mais distribuídas (Villela; Mattos, 1975).

III Índice de circularidade

O Índice de circularidade (Ic) proposto por Miller (1953) indica a relação entre a área da bacia e a área de um círculo de mesmo perímetro:

$$Ic = \frac{A}{Ac}$$

Em que *Ic* é o índice de circularidade; *A* é a área da bacia; e *Ac* é a área de um círculo com perímetro igual ao da bacia. O maior valor a ser obtido nessa equação é igual a 1. Quanto mais próximo de 1 estiver o resultado, mais próxima da circular será a forma da bacia analisada.

IV Densidade de drenagem

A densidade de drenagem foi inicialmente definida por Horton (1945). Trata-se de uma correlação entre o comprimento total dos canais fluviais e a área da bacia hidrográfica. É calculada por:

$$Dd = \frac{L_t}{A}$$

Em que *Dd* é a densidade de drenagem; L_t é o comprimento total dos canais; e *A* é a área da bacia.

A densidade de drenagem, em um mesmo ambiente climático, é determinada pela tendência hidrológica das rochas. Quando o fluxo de água encontra dificuldade para infiltrar nas rochas, há melhores condições para o escoamento superficial, fazendo com que haja maior densidade de drenagem (Christofoletti, 1980). Segundo Villela e Matos (1975), o índice de densidade de drenagem pode variar entre 0,5 km/km² para bacias com densidade baixa e 3,5 km/km² para bacias excepcionalmente bem drenadas.

v Coeficiente de manutenção

Esse índice foi proposto por Schumm (1956) e seu valor representa "a área mínima necessária para a manutenção de um metro de canal fluvial" (Christofoletti, 1980, p. 117). É um fator importante para a caracterização da rede de drenagem, pois possibilita saber quantos metros quadrados de área são necessários para a manutenção de um metro de canal. O coeficiente de manutenção é calculado por:

$$Cm = \frac{1}{Dd} \cdot 100$$

Em que *Cm* é o coeficiente de manutenção e *Dd* é a densidade de drenagem.

1.3.5 Análise hipsométrica da bacia hidrográfica

Na análise hipsométrica, são considerados fatores relativos ao relevo da bacia. Essa análise permite compreender melhor como os diferentes tipos de relevo afetam a resposta hidrológica em uma bacia hidrográfica.

I Amplitude altimétrica

A amplitude altimétrica de uma bacia hidrográfica é obtida por meio da diferença entre o ponto mais alto da bacia, que pode estar situado em qualquer lugar no decorrer do divisor de águas, e o ponto mais baixo na bacia, que geralmente é o exutório. Esse valor é expresso em metros. Por exemplo, uma bacia que tem em seu ponto mais alto uma altitude de 650 metros e em seu ponto mais baixo uma altitude de 500 metros apresentará uma amplitude altimétrica igual a 150 metros.

II Relação de relevo

A relação de relevo (Rr) foi determinada inicialmente por Schumm (1956) e considera a relação entre a amplitude altimétrica de uma bacia e a maior extensão da bacia, medida em paralelo ao rio principal. A relação de relevo se dá por:

$$Rr = \frac{H_m}{L_b}$$

Em que Rr é a relação de relevo (m/m); H_m é a amplitude altimétrica (m); e L_b é o comprimento da bacia (m), medido em paralelo ao rio principal.

Outras duas formas de calcular a relação de relevo foram propostas posteriormente a Schumm (1956). A primeira, proposta por Melton (1957) adota como dimensão linear, não mais o comprimento da bacia, mas seu perímetro. Assim, a *Rr* se dá da seguinte forma:

$$Rr = \frac{H_m}{P} \cdot 100$$

Em que *P* representa o perímetro da bacia, em metros.

Uma terceira proposta foi feita ainda por Melton (1965, citado por Christofoletti, 1980) considerando agora a relação entre a amplitude altimétrica e a raiz quadrada da área da bacia. Sendo:

$$Rr = \frac{H_m}{A^{0.5}}$$

III Índice de rugosidade

O índice de rugosidade, proposto por Melton (1957), possibilita uma análise conjunta da declividade e do comprimento das vertentes, bem como da densidade de drenagem. É calculado por:

$$Ir = H \cdot Dd$$

Em que *Ir* é o índice de rugosidade (adimensional); *H* é a amplitude altimétrica da bacia; e *Dd* é a densidade de drenagem.

Altos valores de amplitude altimétrica associados a uma alta densidade de drenagem têm como consequência um valor elevado do índice de rugosidade, caracterizando vertentes íngremes e longas.

IV Perfil longitudinal e declividade média de um rio

O perfil longitudinal de um rio é a representação visual da relação entre a altimetria e a extensão de determinado canal fluvial (Christofoletti, 1980). Comumente, o perfil é construído usando-se como base a carta topográfica. Primeiramente, é preciso medir o comprimento do rio e sua amplitude altimétrica. Esses valores são plotados em um gráfico X e Y. No eixo X, constam os valores mínimo e máximo do comprimento do rio; no eixo Y, os valores mínimo e máximo da altitude. Por exemplo, em um rio de mil metros de extensão cuja nascente se encontra a 600 metros de altitude e a foz a 300 metros, o valor inicial de X e Y será 0 e 300, respectivamente, e o valor final será 1000 e 600, respectivamente.

O segundo passo é identificar o comprimento de cada trecho contido entre as curvas de nível e, então, plotar os valores das curvas entre o valor mínimo e o máximo da cota no eixo Y e os valores do comprimento de cada trecho no eixo X. Ligando-se os pontos, obtemos o perfil longitudinal do rio. O Gráfico 1.4 apresenta um exemplo de perfil longitudinal.

Gráfico 1.4 – Exemplo de perfil longitudinal

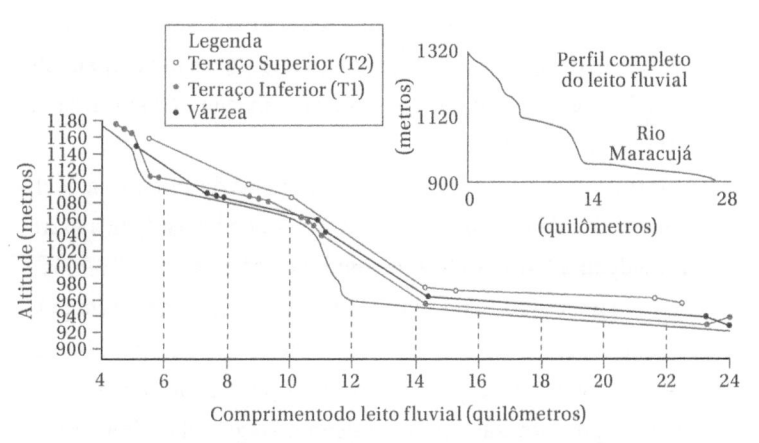

Legenda
○ Terraço Superior (T2)
● Terraço Inferior (T1)
● Várzea

Fonte: Barros et. al., 2008.

O desenho do perfil longitudinal de um rio possibilita a identificação de trechos com diferentes declividades, além de permitir uma visão geral do relevo em que o rio está situado. Pela análise do perfil, é possível reconhecer o alto, o médio e o baixo curso do rio, inferir sobre a geomorfologia local, sobre as áreas de transporte e a deposição de sedimentos e sobre a geologia local.

Para calcular a declividade, consideramos o conceito de **declividade equivalente constante**, que é aquela "cujo tempo de translação[i], para o mesmo comprimento do curso de água em planta, seria igual ao do perfil acidentado natural" (Silveira, 2012, p. 47). Para calcular essa declividade, partimos do princípio dado pela fórmula de Chézy[ii], de que o tempo é uma função inversa da raiz quadrada da declividade. Para obter a declividade equivalente constante, temos:

$$I_e = \left[\frac{L}{\sum l_j I_j^{-\frac{1}{2}}} \right]^2$$

Em que I_e é a declividade equivalente; L é o comprimento total do curso de água, l_j e I_j são o comprimento e a declividade de cada subtrecho, sendo j = 1, 2,..., n, e n = número de subtrechos considerados no cálculo (Silveira, 2012).

Outras duas formas bastante conhecidas de calcular a declividade média de um canal são: a declividade baseada nos extremos e a declividade 15/85. A declividade baseada nos extremos é calculada pela divisão da diferença total da elevação do rio pela extensão do rio entre esses pontos. Um ponto negativo da utilização desse método é que ele pode superestimar a declividade média, pois, muitas vezes, o relevo na região da cabeceira do rio é mais íngreme, não sendo representativo da extensão do rio como um todo.

Se for esse o caso, usamos, então, o método 15/85, que é calculado da mesma forma que a declividade baseada nos extremos,

---

i. *Translação*, em hidrologia, diz respeito ao movimento da água no canal fluvial. O tempo de translação é, portanto, o tempo que uma partícula de água leva para percorrer determinada distância.

ii. Fórmula que permite obter a velocidade média do fluxo em determinada seção de canal, desenvolvida por Antoine de Chézy, em 1769.

4. O escoamento consiste na dinâmica da água na vertente, podendo ser separado em basicamente três tipos. Considerando seus conhecimentos sobre escoamento, analise as assertivas a seguir.
   I. O escoamento superficial é aquele que escoa sobre a superfície do solo e, depois, pelo leito dos rios.
   II. O escoamento é impulsionado pela gravidade, que faz com que a água seja transportada das partes mais altas para as mais baixas na vertente.
   III. O escoamento pode ser classificado em: superficial, subsuperficial e subterrâneo.
   IV. O escoamento subterrâneo, ou escoamento de base, é aquele que ocorre nas camadas mais profundas do solo.

   Estão corretas:
   a) apenas as afirmativas III e IV.
   b) as afirmativas I, II, III e IV.
   c) apenas as afirmativas II e III.
   d) apenas as afirmativas II, III e IV.

5. O sedimento consiste no material intemperizado em uma bacia hidrográfica, como partículas soltas de solo ou de rocha, e o ciclo desse material ocorre em paralelo ao ciclo hidrológico. Com base em seus conhecimentos sobre a produção de sedimentos, analise as assertivas a seguir.
   I. A água, o vento, a temperatura e a neve podem ser considerados agentes ativos do processo de erosão.
   II. Em regiões tropicais, a perda de solos por erosão hídrica é mais relevante.
   III. A erosão em lençol ou laminar é aquela que ocorre quando o solo está seco e com alta capacidade de infiltração.

IV. A erosão em sulcos ou ravinas ocorre quando o solo está saturado e consiste num desgaste leve da camada superficial do solo.

Estão corretas:

a) apenas as afirmativas I e II.
b) apenas as afirmativas II e III.
c) apenas as afirmativas I, II e III.
d) apenas as afirmativas II e IV.

Atividades de aprendizagem

Questões para reflexão

1. O método aritmético é um dos métodos para estimar a precipitação média em uma área. Explique por que esse método não deve ser utilizado em áreas muito extensas com grande variação do relevo.

2. Explique no que consiste o balanço hídrico e como a evapotranspiração pode ser estimada de maneira simplificada com base nesse método.

Atividade aplicada: prática

1. Faça uma pesquisa no *site* da Agencia Nacional de Águas (ANA) do Brasil e monte uma tabela com os números de estações de monitoramento hidrológico operantes atualmente em nosso país. Observe as informações sobre a distribuição espacial da rede de monitoramento. Você acredita que essa rede é suficiente para representar os fenômenos hidrológicos em nosso país? Justifique sua resposta.

porém desconsideram-se 15% dos trechos inicial e final do rio, visando excluir áreas de declividade muito elevada.

Indicação de leitura

Caso deseje aprofundar seus conhecimentos sobre o conceito de bacia hidrográfica e análise morfométrica de bacias para o entendimento do ambiente, consulte:

> TEODORO, V. L. I. et al. O conceito de bacia hidrográfica e a importância da caracterização morfométrica para o entendimento da dinâmica ambiental local. **Revista Brasileira Multidisciplinar**, v. 11, n. 1, p. 137-156, 2007. Disponível em: <http://revistarebram.com/index.php/revistauniara/article/view/236/191>. Acesso em: 2 maio 2018.

1.4 Tempo de concentração em uma bacia hidrográfica

De acordo com Collischonn e Dornelles (2013), o tempo de concentração (TC) de uma bacia hidrográfica é um conceito relativamente abstrato. Consiste no tempo que uma gota de água precipitada sobre a bacia gasta para ser transportada desde o início do escoamento, na região mais remota da bacia, até o exutório. O TC é, então, dependente da distância entre a área mais remota e o exutório e da velocidade com que a água percorre essa distância.

Os fatores *distância* e *velocidade* estão bastante ligados às características geomorfológicas de uma bacia. Em uma bacia montanhosa, por exemplo, onde o relevo é mais íngreme, a água chega com maior velocidade no exutório do que em uma bacia com relevo mais suave.

O TC pode ser medido utilizando-se traçadores químicos ou radioativos ou equações empíricas, com base em dados experimentais (Collischonn; Dornelles, 2013). As equações empíricas são formuladas considerando-se a realidade de alguma bacia hidrográfica, por isso é importante que a escolha da equação para o cálculo do TC seja coerente com o tipo de bacia. Por exemplo, para calcular o TC em uma bacia urbana, é recomendado utilizar uma equação desenvolvida para uma bacia urbana.

A seguir, apresentamos duas equações que possibilitam o cálculo do tempo de concentração.

Equação de Kirpich

A equação de Kirpich é uma das mais utilizadas para o cálculo do tempo de concentração em bacias rurais. Foi desenvolvida com base em experimentos em sete bacias rurais dos Estados Unidos (Silveira, 2005; Collischonn; Dornelles, 2013). A equação é dada por:

$$t_c = 57 \cdot \left(\frac{L^3}{Dh}\right)^{0,385}$$

Em que t_c é o tempo de concentração em minutos; L é o comprimento do canal principal em km; e Δh é a diferença de altitude em metros ao longo do canal principal.

Equação de Carter

A equação de Carter foi desenvolvida para a estimativa do tempo de concentração em bacias urbanas e menores do que 21 km² (Silveira, 2005). A equação é dada por:

$$t_c = 5,96 \cdot \frac{L^{0,6}}{S^{0,3}}$$

Em que t_c é o tempo de concentração; L é o comprimento do canal principal em km; e S é a declividade do canal principal.

Indicação de leitura

Para ampliar seu estudo sobre as equações para cálculo do tempo de concentração, sua aplicação e análise dos resultados, consulte:

SILVEIRA, A. L. L. da. Desempenho de fórmulas de tempo de concentração em bacias urbanas e rurais. **Revista Brasileira de Recursos Hídricos**, v. 10, n. 1, p. 5-23, jan./mar. 2005. Disponível em: <https://www.abrh.org.br/SGCv3/index.php?PUB=1&ID=29&SUMARIO=896>. Acesso em: 2 maio 2018.

Síntese

Neste capítulo, apresentamos o conceito de bacias hidrográficas, demonstrando como os diferentes aspectos do ambiente podem influenciar em sua resposta hidrológica. É importante tratarmos a bacia hidrográfica como um sistema interdependente, em que cada ação ou processo ocorridos nesse sistema causam influência e são influenciados pelo objeto de estudo da hidrologia, que é o ciclo hidrológico.

Conforme estudamos no decorrer do capítulo, todas as atividades humanas são desenvolvidas sobre uma bacia hidrográfica. Isso significa que a sociedade tem interferido de maneira significativa nos processos naturais hidrológicos. Nesse contexto, a hidrologia traz ferramentas que possibilitam compreender melhor esses processos e, consequentemente, entender como nossas ações afetam quantitativa e qualitativamente os recursos hídricos em uma bacia hidrográfica.

Compreender como fazer a delimitação da bacia, saber ler e interpretar um hidrograma, analisar os aspectos básicos da rede de drenagem e a configuração geométrica são saberes elementares no estudo da hidrologia e também foram abordados no decorrer deste capítulo. Todo o conteúdo estudado neste primeiro capítulo servirá de base para o estudo mais detalhado dos processos do ciclo hidrológico.

Indicações culturais

CHRISTOFOLETTI, A. **Modelagem de sistemas ambientais**. São Paulo: Blücher, 1999.

O livro traz uma série de conceitos modernos sobre a análise e a modelagem em sistemas ambientais integrados, por exemplo, uma bacia hidrográfica. Trata-se de um livro didático, direcionado a universitários.

AB'SÁBER, A. N. **Os domínios de natureza do Brasil**: potencialidades paisagísticas. 7. ed. São Paulo: Ateliê Editorial, 2012.

O livro não trata especificamente de bacias hidrográficas, porém, traz um rico conteúdo sobre as diferentes configurações ambientais no Brasil. Na obra de Ab'Sáber, é possível ter um panorama de como se organizam os aspectos físicos da natureza nas diferentes paisagens brasileiras, incluindo não só feições hidrológicas como também as relativas a vegetação, solos, relevo e uso da terra.

Atividades de autoavaliação

1. Considerando seus conhecimentos sobre o conceito de bacia hidrográfica, analise as asserções a seguir e marque V para as verdadeiras e F para as falsas.

   ( ) O conceito de bacia hidrográfica está relacionado à área de drenagem de determinado conjunto de canais fluviais.

   ( ) A bacia hidrográfica é uma divisão territorial artificial, usada para entender o movimento da água nas vertentes.

   ( ) Elementos como o solo, a vegetação e o relevo fazem parte de uma bacia hidrográfica e influenciam sua resposta hidrológica aos eventos de precipitação.

   ( ) Fatores como o formato, a área e o tamanho de uma bacia hidrográfica podem afetar a forma como a água se movimenta e, consequentemente, as sociedades que vivem dentro dos limites da bacia.

   Agora, assinale a alternativa que apresenta a sequência correta:
   a) V, F, V, V.
   b) V, V, F, F.
   c) F, V, F, V.
   d) V, V, V, F.

2. Alguns fatores ambientais interferem no processo de transformação de chuva em vazão em uma bacia hidrográfica. Com base em seus conhecimentos sobre bacias hidrográficas, avalie as afirmativas a seguir.

   I. Bacias hidrográficas com maior declividade tendem a apresentar picos de vazões mais rápidos, decorrentes da velocidade com que o escoamento superficial atinge os canais.

II. A cobertura vegetal pode diminuir a velocidade do escoamento superficial, pois sua existência faz uma barreira ao escoamento da água sobre a superfície do solo.

III. No geral, a resposta hidrológica de bacias rurais é mais rápida, pois ocorre maior impermeabilização do solo em razão da construção de arruamentos, calçadas e edificações.

IV. A presença de vegetação em uma bacia hidrográfica pode aumentar as perdas de água por evapotranspiração.

Estão corretas apenas as alternativas:

a) I e II.
b) III e IV.
c) I, II e III.
d) I, II e IV.

3. Uma bacia hidrográfica é uma divisão natural do território, que pode ser delimitada num mapa ou numa carta topográfica com o auxílio de ferramentas de medição ou de *softwares* de geoprocessamento. De acordo com seus conhecimentos sobre delimitação de bacias hidrográficas, analise as assertivas a seguir:

I. Uma bacia pode ser delimitada em uma carta topográfica com base nas informações de altimetria.

II. As informações altimétricas em uma carta topográfica são representadas por informações do solo da bacia.

III. A delimitação de bacias pode ser feita automaticamente em *softwares* de geoprocessamento utilizando dados geoespaciais, como o TIN e o MDT.

IV. Os canais em uma bacia hidrográfica podem ser perenes, intermitentes ou efêmeros.

Estão corretas apenas as afirmativas:
a) I e III.
b) I, III e IV.
c) I e IV.
d) I, II e III.

4. Para fins de gestão de recursos hídricos e pesquisas hidrológicas, é necessário usar uma codificação para bacias e sub-bacias. Sobre esse assunto, assinale a alternativa correta:
   a) O sistema de classificação de ottobacias é o único sistema utilizado no Brasil.
   b) O sistema proposto por Otto Pfafstetter foi desenvolvido nos Estados Unidos e é utilizado até hoje nos órgãos de gestão no país.
   c) O sistema de codificação Otto representa um método natural hierárquico de sistematizar as bacias, com número reduzidos de caracteres.
   d) Para realizar a codificação de bacias no sistema Otto, é preciso identificar o canal principal e numerar suas principais bacias com números ímpares, de 1 a 9.

5. Sobre a análise morfométrica de bacias hidrográficas, analise as afirmativas a seguir.
   I. O padrão de drenagem de uma bacia consiste na hierarquização de canais de primeira, segunda e terceira ordem.
   II. Alguns dos sistemas de hierarquia existentes foram propostos por Horton (1945), Strahler (1957) e Scheidegger (1965).
   III. A escala do mapeamento utilizado como base em medições da análise morfométrica pode influenciar os resultados.
   IV. Bacias com maior densidade de drenagem geralmente são encontradas em locais com baixa condição de infiltração.

Estão corretas apenas as alternativas:

a) I e IV.
b) II, III e IV.
c) III e IV.
d) I e IV.

Atividades de aprendizagem

Questões para reflexão

1. Leia o fragmento de texto a seguir:

   > Lima e Zakia (2000), acrescentam ao conceito geomorfológico da bacia hidrográfica uma abordagem sistêmica. Para esses autores as bacias hidrográficas são sistemas abertos, que recebem energia através de agentes climáticos e perdem energia através do deflúvio, podendo ser descritas em termos de variáveis interdependentes, que oscilam em torno de um padrão, e, desta forma, mesmo quando perturbadas por ações antrópicas, encontram-se em equilíbrio dinâmico. (Teodoro et al., 2007, p. 138)

   Com base nesse trecho e em seus conhecimentos, explique por que, especialmente na geografia, a bacia hidrográfica é tratada como um sistema interligado.

2. Para realizar a delimitação e a análise de bacias hidrográficas, manual ou computacionalmente, é necessário utilizar uma base cartográfica. Explique por que a escala da base cartográfica pode influenciar os resultados da análise.

Atividade aplicada: prática

1. Descubra quais são as principais bacias hidrográficas de seu município e faça um resumo sobre as principais características, rios principais, condições de conservação ambiental e de qualidade da água. Procure também informações relativas a características físicas, como: tipo de solo, vegetação, relevo, densidade de drenagem, entre outras que vimos no decorrer do capítulo.

2 Ciclo hidrológico

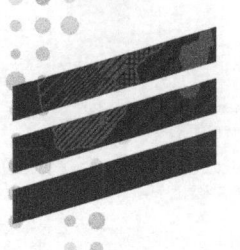

Neste capítulo, trataremos da dinâmica da água na superfície terrestre: precipitação, seus mecanismos de formação, tipos de precipitação, medição e estimativa. Em seguida, apresentaremos os demais processos do ciclo hidrológico, como a interceptação vegetal, o escoamento, a infiltração no solo e a água subterrânea, a evapotranspiração e o balanço hídrico em uma bacia hidrográfica e, por fim, a dinâmica do transporte de sedimentos.

2.1 Introdução ao ciclo hidrológico

Fenômenos como a gravidade, a rotação terrestre e a energia do sol sobre a terra são responsáveis, em grande parte, pelo movimento da água no planeta (Silveira, 2012). Esse movimento ocorre no globo de maneira fechada, ou seja, nenhuma água "excedente" é produzida, fazendo com que haja uma troca entre a superfície terrestre, o oceano e a atmosfera. Esse movimento é chamado de *ciclo hidrológico*. Na literatura científica, as explicações sobre o ciclo hidrológico comumente iniciam-se pela precipitação; assim, vamos também adotar esse fenômeno como ponto de partida, tendo como base o texto de Brutsaert (2005).

Quando o vapor-d'água se condensa na atmosfera e precipita na superfície, uma parte é armazenada, ou **interceptada**, pelas plantas, retornando, depois, em forma de vapor para a atmosfera. Com a continuidade da **precipitação**, parte dessa água flui pela superfície, formando o que chamamos de *escoamento superficial*, outra parte **infiltra** no solo. Com a gravidade, o escoamento superficial tende a fluir para as partes mais baixas da superfície, escoando por caminhos preferenciais até encontrar pequenos canais de drenagem. Essa água que flui nos canais de drenagem é chamada *vazão* e segue seu caminho até grandes rios e, por fim, até o oceano. A água da precipitação que infiltrou no solo pode rapidamente fluir pelo subsolo e emergir em nascentes, ou pequenos canais, como pode também infiltrar mais profundamente e ficar armazenada como **água subterrânea** em **aquíferos**. A água subterrânea cedo ou tarde também vai alimentar os canais e as nascentes. Na maioria das vezes, ela faz com o que a água continue vertendo nos canais mesmo em épocas de estiagem. Outra parte da água que infiltra no solo fica disponível para as plantas, armazenando-se nos poros do solo por **capilaridade**.

Após completar o ciclo, a água retorna à atmosfera por **evaporação**, um processo que pode ocorrer, por exemplo, da superfície de lagos, rios e oceanos ou por meio dos estômatos das plantas. Quando a evaporação ocorre pelos estômatos das plantas, chamamos o processo de *transpiração*. Não é fácil separar a evaporação direta da água, que ocorre na superfície, daquela que ocorre por meio das plantas. Por esse motivo, considera-se a combinação dos dois fenômenos, chamada de *evapotranspiração*.

Os termos destacados nos dois parágrafos anteriores são processos que fazem parte do ciclo hidrológico, dos quais vamos tratar especificamente mais adiante. É importante ressaltar que o volume de água evaporado em determinada parte do planeta não necessariamente vai precipitar no mesmo local. Isso se deve a vários fatores, como o diferente comportamento térmico dos continentes, a quantidade de CO_2 e vapor-d'água na atmosfera, a heterogeneidade espacial dos solos e da vegetação, as diferentes estações do ano, entre outros. Tudo isso influi na dinâmica da água, por isso o ciclo hidrológico é fechado apenas em nível global. Assim, o ciclo hidrológico torna-se aberto à medida que aumentamos nossa escala de análise (Silveira, 2012).

Figura 2.1 – Ciclo hidrológico

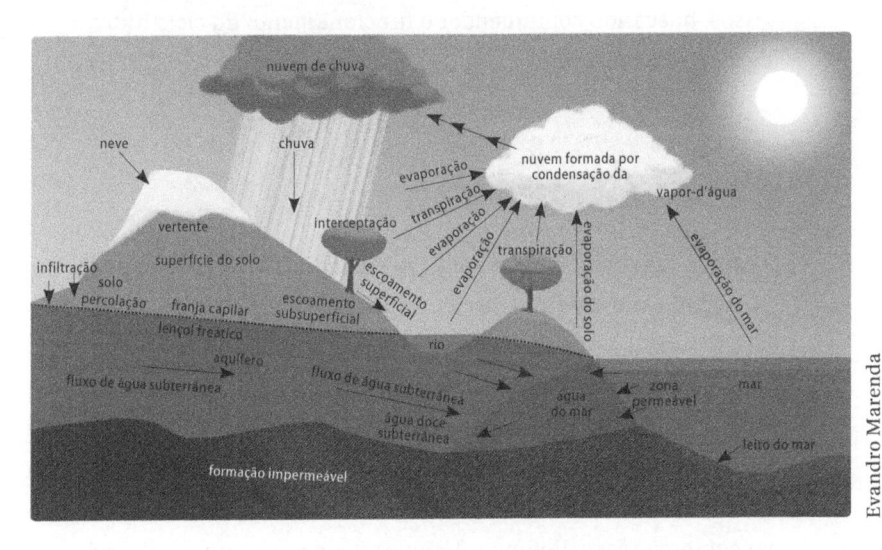

Fonte: Raghunath, 2006, p. 13, tradução nossa.

Segundo Collischonn e Dornelles (2013), além de passar por alterações físicas, a água também sofre mudanças de qualidade durante as diversas fases do ciclo hidrológico. Quando a água da chuva infiltra no solo, por exemplo, ela dissolve os sais ali encontrados e, ao escoar pelos rios, carrega esses sais para o oceano. A água do oceano, por sua vez, perde a salinidade ao evaporar.

De maneira geral, qualquer que seja a fase analisada do ciclo hidrológico, a água sempre voltará à atmosfera em forma de evapotranspiração. O estudo específico da movimentação e da composição da água na atmosfera fica a cargo da climatologia, enquanto a hidrologia é a ciência responsável pelo estudo da dinâmica da água na superfície terrestre.

O estudo da circulação da água na superfície terrestre engloba todos os processos pelo qual a água perpassa desde a precipitação até a evapotranspiração, que configuram o ciclo hidrológico.

Nos próximos itens, vamos abordar especificamente esses processos, buscando compreender o funcionamento do ciclo hidrológico como um todo.

2.2 Precipitação

O estudo detalhado da precipitação em todos os seus aspectos é, na verdade, um domínio da ciência meteorológica e climatológica. Contudo, se considerarmos que a precipitação é um elemento que praticamente desencadeia todo o ciclo hidrológico, é de fundamental importância que tenhamos uma base de conhecimento sobre os aspectos elementares da ocorrência, distribuição, formação e dos diferentes tipos de precipitação, para, então, buscar compreender a dinâmica da água após o momento em que ela toca a superfície terrestre.

Segundo Bertoni e Tucci (2012), a precipitação é toda água proveniente da atmosfera que atinge a superfície. O estado em que a água se encontra é o fator que vai diferenciar as formas de precipitação, como a neve e a chuva. Conforme Brutsaert (2005), a precipitação pode ocorrer nas seguintes formas:

» **Garoa ou chuvisco** – Consiste numa precipitação usualmente leve e uniforme, com grande quantidade de gotículas, cujo diâmetro varia entre 0,1 mm e 0,5 mm.
» **Chuva** – Consiste na precipitação cujas gotículas de água são maiores do que 0,5 mm. A chuva pode ser classificada também quanto a sua intensidade, ou seja, a altura precipitada por unidade de tempo. Chuvas leves são aquelas com intensidade menor do que 2,5 mm/h. Chuvas moderadas têm sua intensidade entre 2,5 e 7,5 mm/h, enquanto chuvas severas são aquelas que ultrapassam a margem dos 7,5 mm/h.

- » **Neve** – Consiste na precipitação em forma de cristais de gelo. Forma-se pelo processo de ressublimação, quando a água passa do estado de vapor diretamente para o estado sólido. Os cristais de gelo tendem a precipitar na superfície individualmente, mas, conforme vão se depositando no solo, se aglomeram formando os flocos de neve.
- » **Granizo** – São blocos de gelo com diâmetro que varia de 5 a 50 mm, podendo ser maior em casos raros. O granizo ocorre geralmente durante tempestades convectivas, pois se forma em nuvens com grande desenvolvimento vertical, quando o vapor de água chega a temperaturas de até −80 °C, congelando e precipitando em forma de granizo.
- » **Orvalho** – São gotas de água que se formaram por meio da condensação do vapor-d'água próximo à superfície sob específicas condições de temperatura. Geralmente, ocorre no período da noite em superfícies que se resfriam com a perda de calor.
- » **Geada** – Forma-se da mesma maneira que o orvalho, porém, o vapor-d'água se condensa diretamente em gelo.

As principais características da precipitação são volume, duração e distribuição espaço-temporal (Bertoni; Tucci, 2012). Numa perspectiva geográfica, a mensuração e o estudo dessas características é importante, pois a quantidade e a distribuição de precipitação média numa bacia hidrográfica é fator determinante para o desenvolvimento dos ecossistemas e também para a disponibilidade hídrica para o uso da sociedade como um todo.

De maneira geral, é possível determinar no globo os locais mais úmidos e mais secos e também as estações chuvosas ou secas de um continente ou país baseado em registros históricos de monitoramento. Sabe-se que, por exemplo, o verão é uma estação mais chuvosa do que o inverno na Região Sul do Brasil. Contudo, apesar de haver essa padronização, a ocorrência da precipitação é um acontecimento irregular, não sendo possível prever com grande antecedência ou com grande acurácia seu volume, sua duração e sua distribuição espaço-temporal.

2.2.1 Mecanismos de formação da precipitação

A circulação do ar atmosférico é um fator que influencia na formação das chuvas. Tendo isso em vista, é interessante fazermos algumas considerações sobre esse fenômeno antes de abordar especificamente as características espaço-temporais das chuvas.

Grande parte dos processos de formação de chuvas se dá na troposfera, onde se concentra a maior parte da massa de ar atmosférico. A troposfera estende-se até cerca de 16 km a partir da superfície da terra em regiões equatoriais e 8 km nas regiões polares. A camada mais inferior da troposfera fica em contato com a superfície terrestre ocasionando uma troca de calor entre a superfície e o ar atmosférico. A superfície terrestre tem diferentes temperaturas, que dependem da latitude e da estação do ano, assim, a troca de calor entre o ar e a superfície forma massas de ar com temperaturas diferentes. O ar mais aquecido ascende na atmosfera em decorrência de sua menor densidade e, com isso, provoca a circulação das massas de ar. A circulação de ar da atmosfera sofre a influência de fatores como a heterogeneidade da superfície, o relevo, as correntes marítimas e a rotação da terra (Collischonn; Dornelles, 2013).

As características de uma massa de ar dependem dos aspectos climáticos da região em que ela se origina. Por exemplo, uma massa de ar originada no oceano tende a ser uma massa úmida, enquanto uma massa originada num local de clima seco tende a ser uma massa de ar seco. Quando uma massa de ar frio encontra uma massa de ar quente, em vez de simplesmente se misturarem, uma superfície definida de descontinuidade aparece entre elas. Essa superfície pode ser chamada de *frente*. O ar frio, por ser mais denso, fica por baixo do ar quente; o ar quente, por sua vez, ascende e se condensa, causando a precipitação.

A condensação do vapor-d'água na atmosfera é o processo que possibilita a precipitação. A ocorrência desse processo vai depender da dinâmica dos elementos que constituem as nuvens e o ar atmosférico. As nuvens são aerossóis que se constituem de ar, vapor-d'água e gotículas em estado líquido ou sólido. O ar presente nas nuvens se encontra saturado ou num estado de quase saturação; o ar atmosférico é composto de micropartículas argilosas, orgânicas e químicas e de sais marinhos. Essas partículas auxiliam no processo de condensação do vapor atmosférico, funcionando como um núcleo de condensação. As gotículas de água existentes no ar saturado das nuvens se juntam no entorno desses núcleos de condensação e, quando as gotículas atingem um peso maior do que as forças que as mantêm em suspensão[i], ocorre a precipitação (Chow; Maidment; Mays, 1988; Bertoni; Tucci, 2012).

2.2.2 Tipos de precipitação

Para ocorrer a precipitação, conforme abordado, é necessário que haja a elevação de uma massa de ar. A elevação e o resfriamento da massa de ar causam a condensação da umidade. Conforme o mecanismo de elevação do ar, as chuvas podem ser classificadas em: **frontal**, **convectiva** ou **orográfica**.

As **chuvas frontais** ou **ciclônicas** são decorrentes da interação de duas massas de ar com diferentes temperaturas e umidades. No encontro das duas massas, a frente de contato da massa

---

i. A nuvem fica em suspensão em razão de fatores como a turbulência atmosférica ou a existência de correntes de ar ascendentes, que se contrapõem à força da gravidade, criando uma espécie de equilíbrio (Bertoni; Tucci, 2012).

mais quente e úmida é empurrada para cima, onde a temperatura é menor, o que causa a condensação do vapor e produz a chuva (Collischonn; Dornelles, 2013).

Figura 2.2 - Chuva frontal ou ciclônica

lafoto/Shutterstock

As chuvas frontais geralmente têm longa duração e abrangem grandes áreas com intensidade média (Bertoni; Tucci, 2012). Associadas a frentes frias, as chuvas frontais geralmente são mais severas e caracterizam tempestades com ventos fortes. Isso ocorre porque o ar frio (mais denso) causa uma ascensão violenta do ar quente (menos denso) formando nuvens com grande desenvolvimento vertical. No caso das frentes quentes, o ar ascende relativamente de maneira mais suave, formando uma nebulosidade com característica estratiforme, com nuvens de desenvolvimento horizontal. Assim, as chuvas provocadas por frentes quentes tendem a ser mais prolongadas e contínuas, porém, menos intensas do que as causadas por frentes frias (Rascón; Román, 2005).

As **chuvas convectivas** se dão pelo aquecimento de massas de ar concentradas, que se encontram em contato com a superfície aquecida da terra ou do oceano. O aquecimento resulta na elevação do ar, momento em que há a condensação, em decorrência da baixa temperatura (Collischonn; Dornelles, 2013).

Figura 2.3 – Chuva convectiva

As **chuvas orográficas** decorrem da influência do relevo. Em alguns locais, a existência de grandes obstáculos, como montanhas, impede a passagem de massas quentes e úmidas que se originam no oceano. Ao encontrar esses obstáculos, a massa se eleva e se condensa, formando nuvens que precipitam próximo das serras (Collischonn; Dornelles, 2013).

Figura 2.4 – Chuva orográfica

Assim, entende-se que a precipitação orográfica é aquela que tem sua origem pela ascensão de uma massa de ar forçada por uma barreira montanhosa. No geral, a precipitação é maior a barlavento, diminuindo rapidamente a sota-vento. Na maioria das cadeias montanhosas existentes, grande parte da precipitação ocorre antes do divisor de águas (Rascón; Román, 2005).

Saiba mais

Figura 2.5 – Tipos de chuva

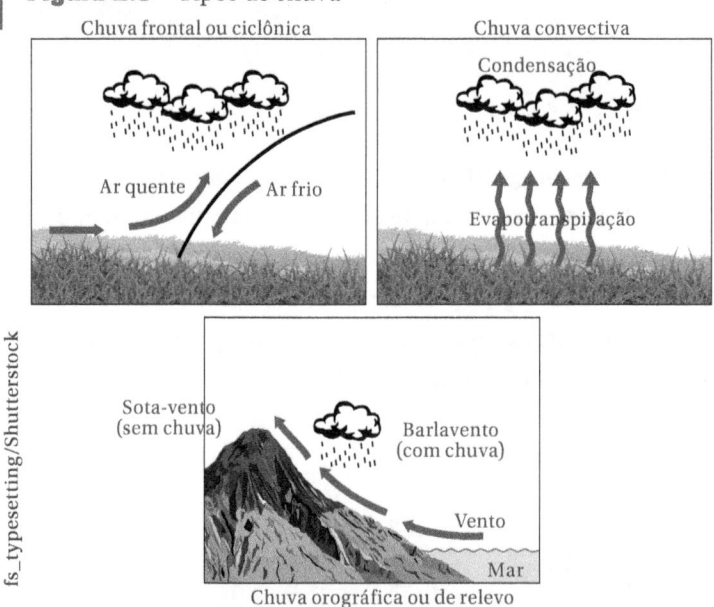

Chuva frontal ou ciclônica

Ar quente Ar frio

Chuva convectiva

Condensação

Evapotranspiração

Sota-vento (sem chuva)

Barlavento (com chuva)

Vento

Mar

Chuva orográfica ou de relevo

fs_typesetting/Shutterstock

Um fato importante relacionado às chuvas orográficas é o efeito de "sombra de chuva", do inglês *rainshadow effect*. Grande parte da chuva precipita a barlavento (de encontro à montanha); assim, a outra face da montanha ou obstáculo, a sotavento, pode apresentar tendência a um menor volume de precipitação. Um exemplo clássico desse efeito é encontrado na América do Sul, na região do deserto do Atacama, o mais árido do mundo.

Estudos apontam o efeito de sombra de chuva causado pela Cordilheira dos Andes como um dos fatores causadores da aridez extrema na região do deserto do Atacama. De acordo com Houston e Hartley (2003), o efeito de sombra de chuva causado pelo altiplano é um dos fatores responsáveis pelo controle da a aridez no Atacama. Associados a esse efeito estão a posição do deserto em relação à zona da circulação de Hadley; a distância do sistema "Atlântico-Amazônico", que caracteriza uma fonte de umidade importante no continente; e a proximidade da corrente oceânica de Humboldt.

Mapa 2.1 – Efeito de sombra de chuva

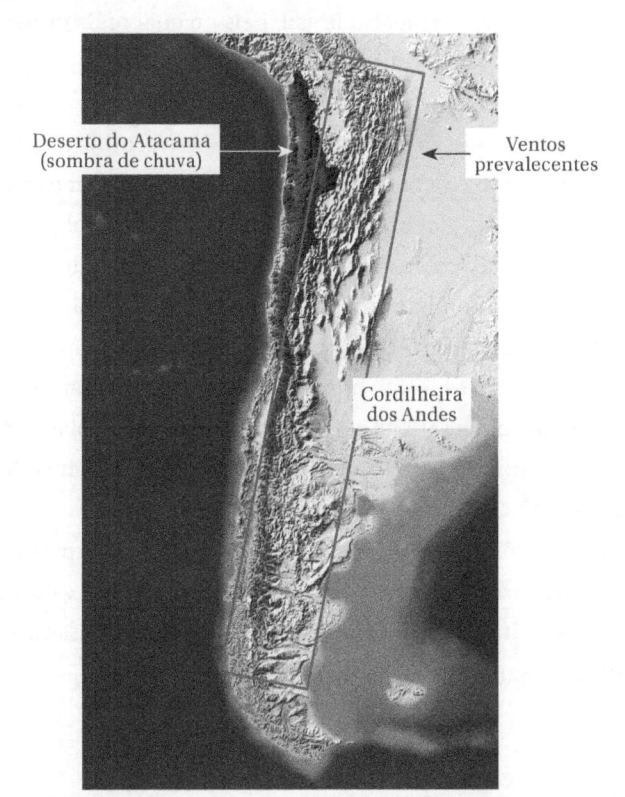

2.2.3 Medição da precipitação

O monitoramento ambiental é de grande importância para o estudo e o entendimento dos processos da natureza. A medição das variáveis hidrológicas no campo possibilita conhecer as tendências e as dinâmicas do fenômeno observado em diferentes localidades e regiões, além de permitir pôr em prática modelos que auxiliam no entendimento do ciclo hidrológico, servindo, assim, de importante ferramenta nas áreas de pesquisa e de gestão e planejamento do meio ambiente e dos recursos hídricos.

Um ponto de observação é chamado *estação* ou *posto de monitoramento*. Um posto pluviométrico, por exemplo, é o local onde é medida a precipitação. No Brasil, país no qual mais de 99% da precipitação cai na forma de chuva, a medição é feita convencionalmente por meio de aparelhos chamados *pluviômetros* e *pluviógrafos*. Para a medição da precipitação, é possível utilizar também radares meteorológicos ou imagens de satélite, porém os pluviômetros e pluviógrafos são mais indicados quando o objetivo é a quantificação exata da chuva, pois os erros associados aos métodos com radar ou imagem de satélite ainda são relativamente grandes nesses casos. Por outro lado, por apresentarem medidas em um contínuo espacial, os métodos de monitoramento por radar ou imagem de satélite são indicados para interpolação espacial da precipitação em locais onde há pluviômetros instalados (Santos et al., 2001).

Um *pluviômetro* "é um aparelho dotado de uma superfície de captação horizontal delimitada por um anel metálico e de um reservatório para acumular a água recolhida, ligado a essa área de captação" (Santos et al., 2001, p. 37).

Segundo Raghunath (2006), a utilização de radares é bastante valiosa no estudo do mecanismo, da orientação e do movimento das chuvas. O sinal do radar auxilia na determinação da magnitude e da distribuição espacial das chuvas. Esse método de mensuração é comumente utilizado em conjunto com dados obtidos em postos pluviométricos. Os radares geralmente são instalados em locais onde não sofram a influência de ventos fortes ou a interceptação da vegetação ou de prédios muito altos. A Figura 2.6 apresenta a fotografia de um radar meteorológico instalado.

Figura 2.6 – Radar meteorológico

David Fadul/Shutterstock

2.2.4 Estimativa da precipitação média em uma área

A chuva apresenta distribuição espacial e temporal variável – como vimos, os métodos para sua medição são, comumente, pontuais. Na geografia e em outras áreas que abordam o estudo da natureza, muitas vezes, é necessário estimar a chuva média em uma área, como a chuva média em um estado, uma cidade, um bairro ou em uma bacia hidrográfica. Para isso, são utilizados métodos diversos que objetivam regionalizar os valores medidos pontualmente para determinada área.

2.2.4.1 Método da média aritmética

Nesse método, pressupõe-se que todos os dados medidos nos pluviômetros tenham o mesmo peso; dessa forma, a precipitação média é calculada como a média aritmética dos valores medidos em determinada área ou bacia hidrográfica (Bertoni; Tucci, 2012).

$$Pm = \frac{1}{n} \cdot \sum Pi$$

Em que Pm é a precipitação média na área (mm); Pi é a precipitação no i-ésimo pluviômetro; e n é o número total de pluviômetros.

A aplicação desse método requer bastante cuidado, pois ele ignora qualquer variação geográfica da precipitação, podendo acarretar grandes erros. Assim, o método da média aritmética pode ser aplicado apenas em áreas com pouca variação do relevo e com densa rede de monitoramento, onde não haja grande variação no volume precipitado entre um ponto de monitoramento e outro (Bertoni; Tucci, 2012; Raghunath, 2006).

2.2.4.2 Método dos polígonos de Thiessen

O método dos polígonos de Thiessen considera um fator de peso para cada ponto de medição, levando em conta a heterogeneidade espacial dos pontos. Nesse método, os pontos que representam as estações de medições em determinada bacia hidrográfica são plotados em um mapa-base e conectados por linhas retas. Então, são traçadas linhas perpendiculares passando pelo meio da reta que liga os dois pontos até encontrar com as linhas traçadas para os pontos que representam estações adjacentes, formando polígonos. Assume-se que a área de cada polígono é influenciada pelo ponto de monitoramento que está dentro do polígono, correspondendo à área de influência de determinada estação. Assim, a precipitação média em um polígono é calculada por:

$$Pm = \frac{1}{A} \cdot \sum Ai \cdot Pi$$

Em que *Ai* é a área de influência do ponto *i*; *Pi* é a precipitação registrada no ponto *i*; e *A* é a área total da bacia.

Geralmente, os resultados obtidos pelo método de Thiessen são mais acurados do que os obtidos pelo método da média aritmética simples. Para melhores resultados, é preferível que as estações estejam distribuídas na bacia de forma regular e não muito distantes entre si, possibilitando a construção de polígonos regulares. A principal limitação para o emprego desse método é a falta de flexibilidade no caso de novos postos de monitoramento, pois, uma vez que se decida inserir um novo ponto que represente uma estação para o cálculo da precipitação média, todos os polígonos precisarão ser refeitos.

A Figura 2.7 apresenta um exemplo de aplicação do método dos polígonos de Thiessen, traçados para uma bacia hidrográfica no Estado de Santa Catarina. Observe as linhas retas ligando os pontos, que formam uma malha triangular, e, então, as linhas perpendiculares, formando os polígonos.

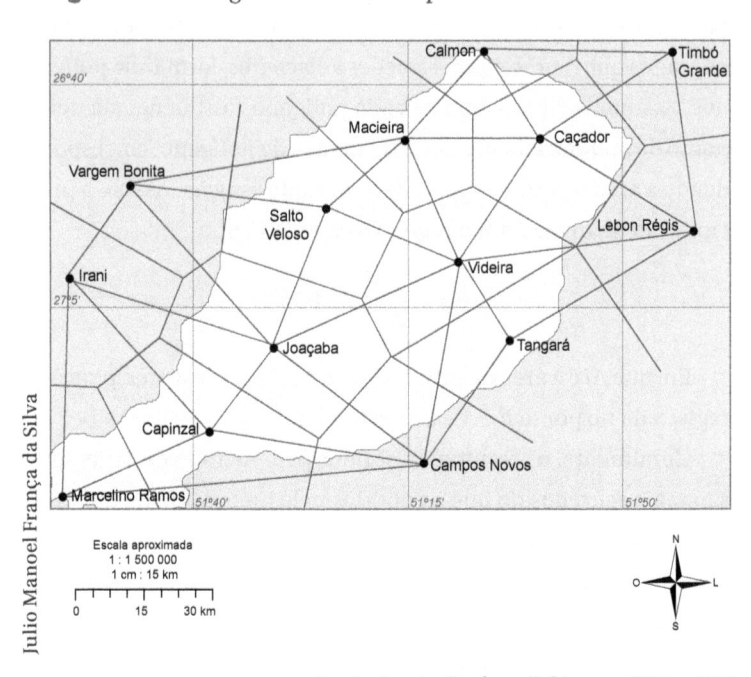

Figura 2.7 - Polígonos de Thiessen para a bacia Rio do Peixe – SC

Fonte: Gomig; Lindner; Kobiyama, 2007. p. 3376.

2.2.4.3 Método das isoietas

As isoietas são curvas de igual precipitação. Nesse método, são considerados aspectos geográficos, como relevo e declividade da bacia para a qual se deseja calcular a chuva média. Entre os métodos existentes, podemos considerar este o mais subjetivo, tendo em vista que depende muito do critério adotado pela pessoa que irá traçar as linhas.

De acordo com Raghunath (2006), o espaçamento entre as isoietas vai depender do tipo de estudo e da escala temporal com que se está trabalhando, podendo ser, por exemplo, de 5 em 5 mm ou de 100 em 100 mm. Para o traçado das linhas, primeiramente, define-se o intervalo; então, ligam-se dois pontos de observação (monitoramento) com seus respectivos valores de precipitação. O segundo passo é interpolar linearmente os valores para os pontos em que as curvas vão passar entre os dois pontos previamente estabelecidos, considerando o intervalo escolhido, procedendo da mesma forma com todos os pontos de monitoramento da área. Por fim, são determinadas as curvas de chuva média por meio da ligação dos pontos.

Raghunath (2006) afirma que, para calcular o valor da precipitação média nos intervalos das isoietas, usa-se:

$$Pm = \frac{\Sigma A_{1-2} \cdot P_{1-2}}{\Sigma A_{1-2}}$$

Em que A_{1-2} é a área entre duas linhas isoietas sucessivas entre os pontos P_1 e P_2. Para obter o valor de P_{1-2} considera-se:

$$P_{1-2} = \frac{P_1 + P_2}{2}$$

Após o traçado das isoietas, recomenda-se utilizar um mapa de relevo para realizar o ajuste das curvas com o relevo, no sentido de melhorar a acurácia dos dados calculados, relacionando-os com as feições do relevo que interferem na precipitação. Na Figura 2.8 podemos observar os pontos de monitoramento de precipitação, representados pelas letras maiúsculas, e a organização das isoietas em torno dos pontos.

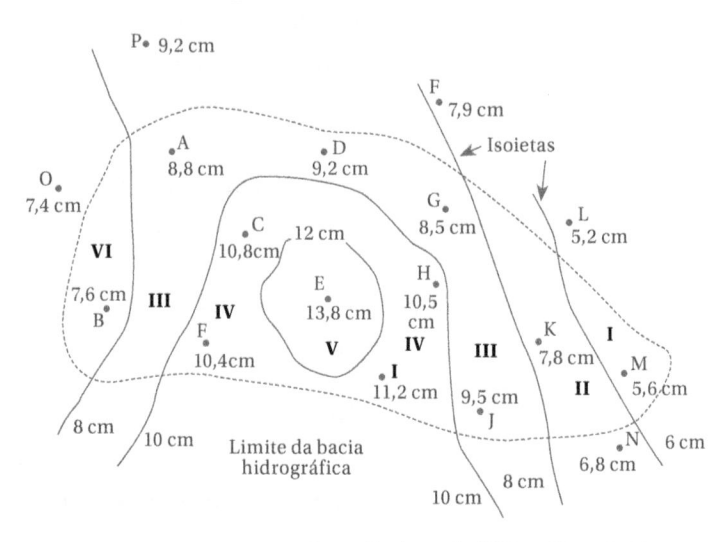

Figura 2.8 – Exemplo do traçado de isoietas

Fonte: Raghunath, 2006, p. 32, tradução nossa.

2.3 Interceptação

A interceptação é o processo de retenção de água da chuva pela vegetação. A água pode ser retida nas folhas, nos caules ou na vegetação que se encontra no solo em decomposição (serapilheira) (Collischonn; Dornelles, 2013). Denominamos a precipitação que ocorre sob a vegetação *precipitação interna*, que passa pelas áreas livres de vegetação ou que escorre pelo tronco das árvores, alcançando o solo. A precipitação que ocorre a céu aberto, ou seja, que não sofre interferência de vegetação, é chamada *precipitação total*.

Para calcular a interceptação, compara-se a precipitação total com a precipitação interna. Para isso, são instalados pluviômetros sob a vegetação e também em áreas a céu aberto, ao lado ou acima das áreas vegetadas. Adicionalmente, também é possível medir a água que escoa pelo tronco das árvores com coletores instalados em torno do tronco, os quais direcionam a água para um recipiente (Chow; Maidment; Mays, 1988; Collischonn; Dornelles, 2013).

Além do escoamento pelo tronco das árvores, a dissipação da água interceptada também se dá pela evaporação da água diretamente da superfície das plantas. Porém, ao contrário do escoamento de tronco, essa água não contribui para a precipitação interna; ela volta diretamente para a atmosfera em forma de vapor.

Assim, concluímos que a interceptação é a parte da chuva que fica retida na vegetação e não chega a atingir a superfície do solo pelas áreas livres de vegetação ou por escoamento de tronco.

Figura 2.9 - Ciclo hidrológico com ênfase na interceptação

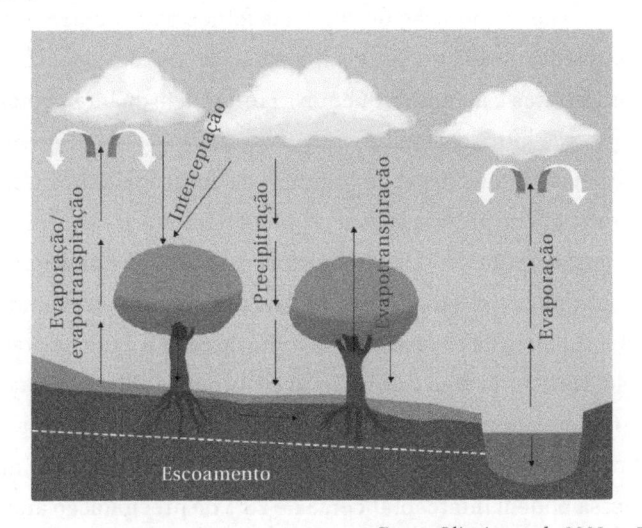

Fonte: Oliveira et al., 2008. p. 724.

Os processos que envolvem a precipitação geralmente são bastante heterogêneos no espaço, e o mesmo ocorre para a interceptação, que depende não só da ocorrência de precipitação, mas também da cobertura vegetal, que é outro fator com grande heterogeneidade espacial. Assim, para que a medida da interceptação seja minimamente confiável, é necessário instalar vários pluviômetros abaixo da área vegetada e vários pontos de medição de escoamento de tronco (Collischonn; Dornelles, 2013). Com essas medidas, é possível calcular o volume de água de interceptação por meio desta fórmula:

$$I = P - Pd - Pt$$

Em que I é a quantidade interceptada (mm); P é a precipitação total (mm); Pd é a precipitação interna média (mm); e Pt é o escoamento de tronco (mm).

A interceptação influencia mais no balanço hídrico em regiões que ocorrem chuvas com baixa intensidade, pois assim o processo de evaporação de água das folhas pode ocorrer simultaneamente ao evento de precipitação. Em regiões com chuvas mais intensas e menos frequentes, a influência da interceptação no balanço hídrico é menor.

Além da intensidade, do volume e da duração da chuva, as características da própria vegetação podem interferir na influência da interceptação no balanço hídrico. A vegetação pode apresentar diferentes tipos de folhas, em largura, ângulo ou formato, o que influencia na capacidade da folha de reter a água da precipitação. De acordo com Collischonn e Dornelles (2013), vegetação de prados, campos ou pastagens podem interceptar de 5% a 10% da precipitação anual, enquanto bosques com vegetação mais espessa podem interceptar cerca de 25% da precipitação anual.

Estudos que avaliaram a interceptação da chuva em florestas brasileiras concluíram que, na Mata Atlântica, 8,4% a 20,6% da chuva é interceptada. Na Amazônia, esse valor varia entre 7,2% e 22,6% (Giglio; Kobiyama, 2013).

2.4 Infiltração e água no solo

A infiltração é o movimento da água da superfície para o interior do solo. Esse processo depende de fatores como água disponível para infiltração, natureza do solo e sua permeabilidade e porosidade (Silveira, 2012).

Segundo Rascón e Román (2005), no processo de infiltração podem ser distiguidas três fases:

I **Intercâmbio** – Ocorre na parte superior do solo, de onde a água pode retornar à superficie por evaporação ou pela transpiração pelas plantas.
II **Transmissão** – Ocorre quando a força da gravidade supera a capilaridade do solo e faz com que a água (que se encontra nos poros do solo por capilaridade) infiltre até encontrar uma camada impermeável.
III **Circulação** – Ocorre quando a água se acumula no subsolo em virtude da presença de uma camada impermeável e, por ação da gravidade, inicia o escoamento subterrâneo.

2.4.1 Capacidade de infiltração

Rascón e Román (2005) indicam que a capacidade de infiltração é dada pela quantidade de água que determinado solo pode absorver por unidade de tempo, ou seja, representa o potencial de absorção de água do solo. A capacidade de infiltração do solo diminui e se torna constante à medida que a precipitação ocorre. No momento em que a infiltração fica constante, o processo de escoamento se inicia.

Alguns dos principais fatores que podem interferir na capacidade de infiltração do solo são, segundo Rascón e Román (2005):

- » **Tipo de solo** – A porosidade do solo e o tamanho de suas partículas é um fator que depende do tipo de solo e influencia a capacidade de infiltração: quanto maior for a porosidade, maior será a capacidade de infiltração.
- » **Umidade antecendente** – A infiltração varia na porporção inversa à umidade do solo, ou seja, um solo úmido apresenta menor capacidade de infitração do que um solo seco.
- » **Presença de partículas coloidais** – As partículas coloidais são representadas em forma de humo ou de minerais argilosos. Quando hidratadas, aumentam de tamanho, diminuindo o espaço para infiltração de água no solo.
- » **Ação da precipitação** – A própria precipitação pode ser um agente compactador do solo de duas formas: a primeira é pela compactação da superfície por meio do impacto das gotas de chuva; a segunda se dá pelo transporte de materiais finos pela superfície. Essa segunda forma acarreta a diminuição da porosidade da camada superior do solo, umedecendo a superfície, criando uma camada saturada e, consequentemente, aumentando a resistência do solo à penetração da água. A intensidade da ação da chuva na capacidade de infiltração do solo varia de acordo com a granulometria do solo e com a presença ou não de vegetação.
- » **Cobertura vegetal** – A cobertura vegetal natural aumenta a capacidade de infiltração, desfavorecendo o escoamento superficial. Em caso de cultivo agrícola, tudo dependerá da forma como é feito o manejo do solo.
- » **Ação humana e de animais** – O solo, em seu estado natural, tem uma estrutura favorável à infiltração, com alto teor de matéria orgânica e maior tamanho de poros. Se o uso da terra for feito com boas condições de manejo, o solo continua favorável à infiltração; caso contrário, com o uso da terra para

agricultura e pastagem, pode haver a compactação do solo e a consequente diminuição de sua capacidade de infiltração.

2.4.2 Medição da capacidade de infiltração

O método mais comum para medir a capacidade de infiltração de um solo é o dos anéis concêntricos, desenvolvido inicialmente por Cauduro e Dorfman (1990). O método consiste, primeiramente, na construção de um infiltrômetro com dois anéis de diâmetro variando entre 16 e 40 cm, que são cravados no solo em posição vertical; então, é despejada uma quantidade de água nos anéis, mantendo uma lâmina líquida entre 1 e 6 cm (o anel externo evita que a água que infiltra pelo anel se espalhe); à medida que se despeja água, medem-se o volume despejado e o nível da água em certo intervalo de tempo, determinando-se, assim, a capacidade de infiltração em mm/hora (Collischonn; Dornelles, 2013).

Os resultados obtidos com o método dos anéis concêntricos demonstram que, de maneira geral, a capacidade de infiltração é maior no início do processo, quando o solo está seco, e que a capacidade de infiltração diminui conforme os poros do solo vão sendo preenchidos com água (Collischonn; Dornelles, 2013).

2.4.3 Textura do solo

A textura do solo é um fator de grande importância na determinação do movimento e do armazenamento da água no solo. Ela faz parte da natureza do solo, e solos com diferentes texturas apresentam diferentes características de porosidade e de permeabilidade, afetando o armazenamento e o movimento da água nessa região. Apesar de ser um assunto tratado mais profundamente pela pedologia – ciência que estuda o solo –, esse aspecto em especial será abordado neste capítulo para auxiliar na compreensão de questões relacionadas à água subterrânea.

De maneira geral, os solos são compostos de duas partes: sólida e vazia. A primeira consiste em minerais e matéria orgânica; os vazios consistem nos poros do solo, que podem estar preenchidos com ar ou água (Lepsch, 2011).

A parte mineral sólida do solo é analisada com base no tamanho de suas partículas. A classificação do tamanho das partículas que compõem um solo consiste na **análise granulométrica**, que, por sua vez, possibilita a determinação da textura do solo. As partículas do solo variam em seu diâmetro entre 0,002 mm e 2 mm e são classificadas como argila, silte e areia, conforme a tabela apresentada a seguir.

Tabela 2.1 – Classificação das partículas minerais do solo

Diâmetro da partícula	Classe
2 – 0,2	Areia grossa
0,2 – 0,05	Areia fina
0,05 – 0,002	Silte
< 0,002	Argila

Fonte: Lepsch, 2011, p. 123.

2.4.4 Estados da água do solo

A água é encontrada no solo em três formas principais: **água gravitacional**, **água capilar** e **água higroscópica**. Para compreender melhor como a água se "comporta" no solo, vamos considerar que um solo está saturado (com todos os poros preenchidos com água). A ação da gravidade faz com que essa água (chamada *água gravitacional*) comece a circular livremente no sentido descendente entre os poros do solo. Com isso, podemos afirmar que a água gravitacional é aquela se movimenta livremente no solo em decorrência da gravidade (Rascón; Román, 2005).

Parte da água que infiltrou percola para camadas mais profundas e uma pequena parcela fica retida nos poros do solo por meio de um fenômeno chamado *capilaridade,* caracterizando a água capilar. Essa parcela da água é utilizada pelas plantas, que a retiram do solo através de suas raízes. Conforme a água capilar vai secando, rompem-se as ligações capilares e a água restante é chamada *água higroscópica* (Rascón; Román, 2005).

Figura 2.10 - Água gravitacional, água capilar e água higroscópica

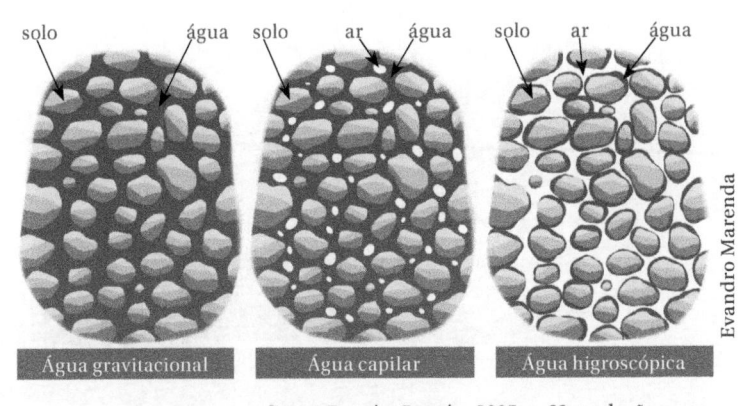

Fonte: Rascón; Román, 2005, p. 63, tradução nossa.

2.4.5 Água subterrânea

A água subterrânea é aquela que se encontra dentro da litosfera e é estudada por um ramo da hidrologia denominada *hidrogeologia.* A hidrogeologia estuda a água subterrânea desde sua origem, seu movimento e sua distribuição debaixo da superfície (Rascón; Román, 2005).

De acordo com Collischonn e Dornelles (2013), a água subterrânea fica armazenada em formações geológicas denominadas *aquíferos*. A capacidade de retenção de água de um aquífero está relacionada a sua porosidade, ou seja, a relação entre o volume de vazios e o volume sólido dessa formação.

As formações rochosas que impedem a passagem de água são camadas impermeáveis que determinam os tipos de aquífero quanto à pressão. Eles, então, podem ser confinados e não confinados (ou livres). Os aquíferos confinados são aqueles que se encontram entre duas camadas de rocha impermeável, enquanto os aquíferos livres são mais superficiais.

Figura 2.11 – Tipos de aquífero quanto à pressão

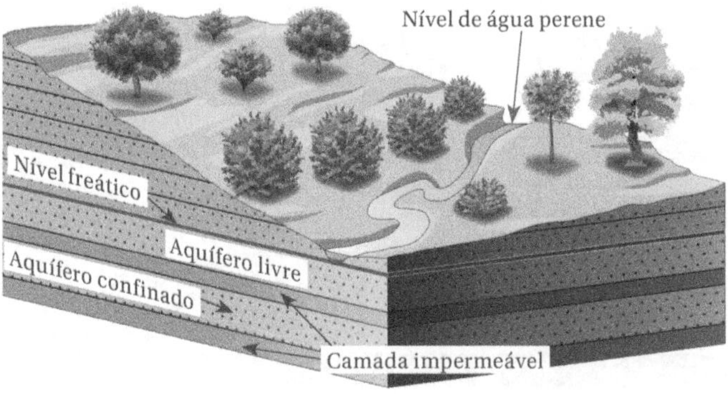

Amadeu Blasco/Shutterstock

Fonte: Borghetti; Borghetti; Rosa Filho, 2004.

A água subterrânea pode ser armazenada e se movimentar por três tipos de domínios geológicos principais: fissural, fraturado-cárstico e poroso. No tipo fissural, a água se movimenta por fraturas na rocha, que pode ser do tipo ígnea ou metamórfica, consitituindo os terrenos cristalinos. O tipo fraturado-cárstico representa áreas em que a água se move na descontinuidade das rochas, porém, esse tipo de domínio é associado a rochas calcárias; nesse caso, o carbonato que compõe a rocha é dissolvido pela água, formando grandes aberturas por onde a água se movimenta. O domínio poroso é constituido por rochas sedimentares, onde a água pode ficar contida e se movimentar entre as partículas constituintes da rocha (poros) (Brasil, 2005).

Figura 2.12 – Tipos de aquíferos quanto à porosidade

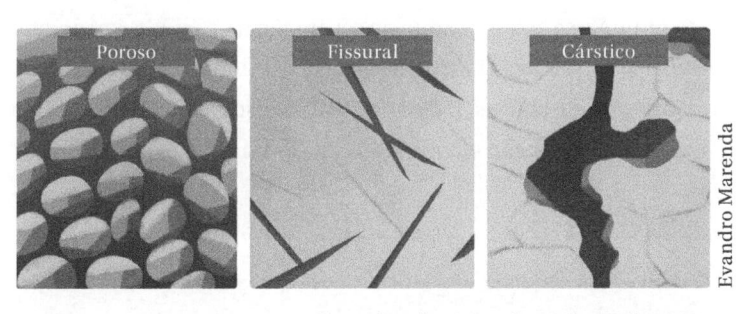

Poroso | Fissural | Cárstico

Evandro Marenda

Fonte: Borghetti; Borghetti; Rosa Filho, 2004.

Em condições normais, a distribuição da água no solo é dividida em duas zonas principais: zona de aeração ou zona vadosa (não saturada) e zona de saturação. A definição dessas zonas será apresentada a seguir, segundo Rascón e Román (2005).

Zona de aeração ou vadosa

A zona de areação (zona não saturada) compreende outras três zonas: a zona de umidade do solo, a franja de capilaridade e a zona intermediária. Na primeira delas, encontramos a parcela de água gravitacional, a água capilar e a água higroscópica. A segunda dessas zonas é uma região cuja umidade é maior em razão da proximidade com o lençol freático. A zona intermediária localiza-se entre a zona de umidade do solo e a franja de capilaridade, sendo mais úmida próximo à franja de capilaridade.

Zona de saturação

Trata-se da região localizada abaixo do nível freático, configurando o próprio lençol freático, ou seja, a água subterrânea propriamente dita. É nessa zona que encontramos a água subterrânea utilizada pela sociedade, extraída por meio da perfuração de poços.

A parte inferior da zona de saturação é formada por uma camada impermeável, o que evita que água continue descendendo pela ação da gravidade. Essa camada impermeável recebe o nome de *manto freático*, e o limite de saturação da camada é chamado *superfície freática*. O nível de água nessa zona varia conforme a ocorrência de chuvas. Em períodos chuvosos, o nível freático fica mais alto, enquanto em períodos de seca o nível decresce.

Figura 2.13 - Zonas não saturada e saturada no subsolo

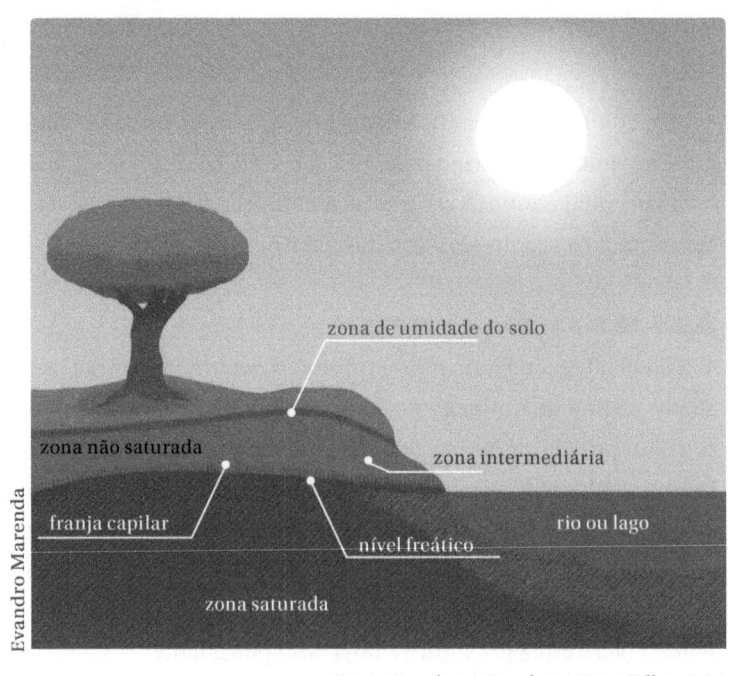

Fonte: Borghetti; Borghetti; Rosa Filho, 2004.

2.5 Escoamento

O escoamento consiste na dinâmica da água na vertente, podendo ser separado basicamente em três tipos: superficial, subsuperficial e subterrâneo.

» O escoamento **superficial** é aquele que escoa sobre a superfície do solo e depois pelo leito dos rios. É impulsionado pela gravidade, que faz com que a água seja transportada das partes mais altas para as mais baixas na vertente.
» O escoamento **subsuperficial** é o que ocorre nas primeiras camadas do subsolo, está relacionado à saturação do solo e, assim como o escoamento superficial, faz com que a água seja transportada para as partes mais baixas da vertente, alimentando os canais fluviais.
» O escoamento **subterrâneo**, ou *escoamento de base*, é aquele que ocorre nas camadas mais profundas do solo, de forma mais lenta do que o escoamento superficial e subsuperficial, sendo responsável pela vazão dos rios quando não há precipitação. A principal diferença entre o escoamento subsuperficial e o escoamento subterrâneo é que o primeiro está relacionado aos processos de superfície, como o escoamento superficial e a evapotranspiração, enquanto o segundo está relacionado à recarga do aquífero.

2.5.1 Mecanismos de formação do escoamento

Na hidrologia moderna, o primeiro modelo que buscou explicar a dinâmica da água na vertente foi proposto por Horton (1933) e ficou conhecido como *teoria infiltração-escoamento*.

Na teoria infiltração-escoamento, Horton (1933) considera que a capacidade de infiltração do solo é constante no espaço, fazendo com que o escoamento superficial ocorra de forma uniforme em toda a bacia. Essa teoria se aplica em bacias de regiões semiáridas, em regiões com solos rasos e de baixa infiltração, ou em bacias urbanizadas e que tenham seu solo fortemente alterados por atividades antrópicas. Em bacias hidrográficas com presença de vegetação, solos bastante permeáveis e existência de áreas úmidas, a capacidade de infiltração não é uniforme; consequentemente, o escoamento superficial não provém de todas as partes da bacia uniformemente, configurando outro tipo de geração de escoamento, chamado *escoamento dunniano* (Santos, 2009).

O escoamento do tipo dunniano (Dunne; Black, 1970a; 1970b; Chorley, 1978) ocorre quando há esgotamento da capacidade de armazenamento de água no solo, fazendo com que o nível freático se eleve e a água flua para a superfície. O escoamento do tipo dunniano não ocorre de maneira uniforme na bacia, mas sim em áreas mais próximas do nível freático, por exemplo, próximo aos rios.

Com isso, surge o conceito de **área parcial de contribuição**, inicialmente proposto por Betson (1964). Esse conceito considera que o escoamento superficial não provém de toda bacia, mas de uma pequena porção. O conceito da área parcial de contribuição, aliado a outras pesquisas desenvolvidas na mesma época, levou à constatação de que o fluxo subsuperficial, a precipitação e a umidade inicial do solo influenciam a expansão e a contração de áreas saturadas e da rede de drenagem da bacia, demonstrando que o escoamento superficial pode ser gerado em áreas específicas que dependem da topografia, da umidade inicial e da intensidade da precipitação (Santos, 2009).

Esses estudos contribuíram para o entendimento do mecanismo de geração de escoamento por saturação, que deu origem ao conceito de **área de variável afluência** (AVA). O conceito de AVA na hidrologia foi importante porque possibilitou o desenvolvimento de modelos mais próximos da realidade física para a simulação da propagação da água em bacias hidrográficas. Os avanços científicos relacionados a esse conceito levaram ao reconhecimento do escoamento subsuperficial como um dos processos mais importantes na bacia hidrográfica. De acordo com Santos (2009, p. 90, grifo do original),

> além de ser determinante para a ocorrência de áreas saturadas e a geração de escoamento por AVA, o escoamento subsuperficial pode contribuir diretamente para o incremento rápido da vazão em canais por caminhos preferenciais de escoamento, como macroporos e **pipes** [...] ou pelo chamado "efeito pistão".

Os mecanismos de formação de escoamento são dependentes de fatores como relevo, clima, tipo de solo, geologia, vegetação, uso e ocupação da terra, sendo bastante variáveis no tempo e no espaço. Assim, unidades com uma combinação similar desses fatores apresentam a tendência de gerar respostas hidrológicas similares, fazendo surgir o conceito de **hidrótopos**, ou **unidades de resposta hidrológica** (Becker, 2005; Santos, 2009).

Atualmente, alguns modelos em hidrologia utilizam esse conceito para simular a dinâmica da água em uma bacia hidrográfica, pois se considera que os hidrótopos têm respostas hidrológicas similares. Uma unidade de resposta hidrológica é, então, uma área (cujo tamanho é variável) com características comuns que afetam a geração do escoamento de forma similar. Para designar uma unidade de resposta hidrológica, são cruzados dados referentes ao relevo, ao solo, à geologia e ao uso da terra. O cruzamento vai gerar uma série de combinações – por exemplo, em determinada parte da bacia, há uma combinação entre o solo A, o tipo de relevo C, a geologia X e o uso da terra Y; essa combinação única caracteriza uma unidade de resposta hidrológica.

2.5.2 Medição do escoamento

A medição do escoamento é feita nos cursos de água. O resultado dessa medição dá o valor do escoamento total, que é a soma do escoamento superficial, do subsuperficial e do subterrâneo. A separação dos escoamentos não é uma tarefa simples e se dá após a medição, utilizando-se filtros computacionais e equações baseadas no conhecimento das características ambientais da bacia.

Para a medição do escoamento, existem vários métodos, dos mais simples aos mais sofisticados. Aqui, vamos focar no método mais utilizado, que podemos chamar de *curva-chave*. Esse método consiste em uma relação entre o nível da água de um rio e sua vazão. O nível de água do rio é a altura da linha de água em relação ao fundo do rio. A vazão (ou descarga líquida) é o volume de água que passa pelo trecho do rio em determinado intervalo de tempo e geralmente é dada em m^3/s (metros cúbicos por segundo) no trecho de um canal, ou de maneira específica, considerando a bacia hidrográfica, em $L/s/km^2$ (litros por segundo por quilômetro quadrado).

Para determinar o escoamento utilizando o método da curva-chave, é preciso obter duas informações. Primeiramente, é necessário fazer a medição da cota, em campo, no trecho do curso de água do qual desejamos obter a informação. A cota corresponde ao nível da água, em altura, naquele trecho do rio, ou curso de água. A forma mais simples de medir o nível é fixando uma régua vertical na água e fazendo uma leitura da altura da linha de água em um intervalo de tempo regular, pelo menos uma vez ao dia.

Figura 2.14 - Régua de medição do nível da água

Chartchai/Shutterstock

O segundo passo é a medição da vazão, da qual se deve obter um certo número de medições para relacionar com a cota, medida anteriormente. Segundo Chevallier (2012), os métodos de medição de vazão podem ser classificados em cinco categorias: por capacidade; por medição das velocidades do fluxo da água; por diluição de traçadores; por fórmulas hidráulicas; e por métodos de laboratório (óptico, eletromagnético, entre outros). Os dois primeiros são os mais utilizados.

O método por capacidade é mais simples e mais lógico. Consiste em interceptar todo fluxo de água em um recipiente de capacidade conhecida e cronometrar o tempo de enchimento desse volume (Chevallier, 2012). Porém, esse método só pode ser utilizado para rios com vazão pequena, a qual seja possível interceptar, por exemplo, em um recipiente do tamanho de um balde.

O método por medição das velocidades do fluxo de água considera o valor da velocidade da água medida em pontos para uma área da seção de um rio. Com o valor da velocidade medida em pontos, utilizam-se métodos matemáticos para determinar a vazão. No momento em que se obtém a vazão, é necessário obter-se também o valor da cota, no sentido de realizar a relação cota-vazão para a construção da curva-chave.

De maneira geral, a curva-chave pode ser construída relacionando-se os valores de nível (cotas), medidos diariamente, aos valores de vazão, medidos durante o intervalo de tempo em que foi realizada a medição de cotas. Por exemplo, em determinado trecho de rio na Bacia Hidrográfica do Rio Iguaçu, em um intervalo de três anos de monitoramento diário de cotas, foram feitos 120 levantamentos de medição de vazão. Esses valores serão os principais elementos na construção da curva-chave.

Atualmente, no Brasil, é possível obter dados de vazão diretamente da internet para os principais rios dos país e também seus afluentes. A Agência Nacional de Águas (ANA) disponibiliza dados de vazão já calculados em intervalo de tempo diário, por meio da plataforma Hidroweb[ii]. É possível obter, também no *site* da ANA, dados geoespaciais sobre as bacias hidrográficas do país. Esse compartilhamento de dados faz parte da Política Nacional de Recursos Hídricos, que tem o objetivo de incentivar e dar suporte aos estudos ambientais.

Indicação de leitura

Para saber mais sobre a elaboração da curva-chave, você pode consultar o capítulo "Aquisição e processamento de dados", indicado a seguir, onde constam informações em detalhes sobre esse e outros métodos de determinação de vazão e medição do escoamento.

---

ii. BRASIL. ANA – Agência Nacional de Águas. **Hidroweb**. Disponível em: <http://hidroweb.ana.gov.br/>. Acesso em: 15 fev. 2018.

CHEVALLIER, P. Aquisição e processamento de dados. In: TUCCI, C. E. M. (Org.). **Hidrologia**: ciência e aplicação. 4. ed. Porto Alegre: UFRGS/ABRH 2012. p. 500-507.

2.6 Evapotranspiração e balanço hídrico

A evapotranspiração é a união de dois processos: a evaporação e a transpiração. A evaporação ocorre em superfícies líquidas, como lagos, reservatórios, gotas de orvalho e oceano, e consiste na transferência da água líquida que se encontra na superfície para a forma de vapor. A transpiração acontece por meio das plantas, que retiram a água do solo pela raiz e a devolvem para a atmosfera por seus estômatos, ou por meio da evaporação que ocorre diretamente do solo (Tucci; Beltrame, 2012; Collischonn; Dornelles, 2013).

Segundo Tucci e Beltrame (2012), é de grande relevância obter informações quantitativas sobre a evapotranspiração, pois o processo constitui uma importante fase do ciclo hidrológico, que afeta problemas de manejo da água. Atividades como o cultivo de áreas agrícolas, a construção de reservatórios e a previsão de cheias necessitam de dados confiáveis sobre a evapotranspiração.

O processo de evapotranspiração é afetado na natureza por uma série de fatores ambientais atmosféricos, os principais, segundo Collischonn e Dornelles (2013), são os seguintes:

» **Radiação solar** – Fonte da energia inicial para que ocorram os processos termodinâmicos na superfície da terra, incluindo a evapotranspiração. No estudo do processo de evapotranspiração, consideramos o balanço de radiação, que é a contabilização de toda energia presente na superfície terrestre e na atmosfera. Essa energia é responsável pelo aquecimento e resfriamento do ar, do solo e da água, bem como pela evaporação de água da superfície e do solo e pela evapotranspiração e transpiração de água dos vegetais.

» **Temperatura** – O ar quente pode conter mais vapor, favorecendo a ocorrência de evaporação e evapotranspiração.
» **Umidade do ar** – Quando a umidade do ar está baixa, o fluxo de vapor fica mais favorável. Ou seja, em condições de baixa umidade, pode ocorrer mais evapotranspiração, e quando a umidade está alta (próximo de 100%), a evapotranspiração diminui, pois o ar já está saturado.
» **Velocidade do vento** – O vento é um agente capaz de remover o ar úmido diretamente da superfície que está transpirando ou evaporando.

A evapotranspiração diferencia-se em **potencial** e **real**. A **evapotranspiração potencial** (ETP) consiste na "quantidade de água transferida para a atmosfera por evaporação e transpiração, na unidade de tempo, de uma superfície extensa e completamente coberta por vegetação de porte baixo e bem suprida de água" (Tucci; Beltrame, 2012, p. 270).

A **evapotranspiração real** (ETR) é o volume de água transferido para a atmosfera nas condições reais. Em condições ideais de vegetação e disponibilidade de água, a ETR é igual à ETP. Em geral, esse valor tende a ser igual ou menor, não podendo ser maior do que a ETP (Tucci; Beltrame, 2012; Collischonn; Dornelles, 2013).

A medição da ETR é de difícil obtenção e, por isso, essa informação é bastante escassa. Já a ETP pode ser estimada por equações físicas ou empíricas, que buscam relacionar a disponibilidade de água no solo com a evapotranspiração real e potencial. Contudo, segundo Tucci e Beltrame (2012), apesar da existência de vários modelos, não há até hoje um que seja aceito universalmente.

O método mais simplificado para a obtenção da evapotranspiração em uma bacia hidrográfica é pelo balanço hídrico, que consiste no balanço entre a entrada e a saída de água de uma bacia hidrográfica, sendo a entrada de água a precipitação, e a saída representada pela vazão no exutório da bacia e pela evapotranspiração.

Para o cálculo da evapotranspiração, especialmente, o balanço hídrico é elaborado para intervalos de tempo relativamente longos – o ideal é para períodos maiores que um ano. A evapotranspiração pelo método do balanço hídrico é dada por:

$$E = P - Q$$

Em que E é a evapotranspiração real média de longo prazo (mm/ano); P é a precipitação média de longo prazo (mm/ano); e Q e é a vazão de saída da bacia (mm/ano).

Indicação de leitura

Para saber mais sobre os métodos de medição e estimativa da evapotranspiração, consulte:
> TUCCI, C. E. M.; BELTRAME, L. F. S. Evaporação e evapotranspiração. In: TUCCI, C. E. M. (Org.). **Hidrologia**: ciência e aplicação. 4. ed. Porto Alegre: UFRGS/ABRH, 2012. p. 253-277.

2.7 Produção de sedimentos

O sedimento consiste no material intemperizado em uma bacia hidrográfica, como partículas soltas de solo ou de rocha. O ciclo desse material ocorre em paralelo ao ciclo hidrológico. O ciclo da água determina o desprendimento, o transporte e a deposição das partículas, caracterizando uma relação de vínculo e dependência entre água e sedimentos em uma bacia hidrográfica. O regime hidrossedimentológico, que é a junção do ciclo hidrológico e do ciclo do sedimento, é composto dos processos de erosão, transporte e deposição de material intemperizado, que ocorrem de forma concomitante e proporcional ao regime hidrológico (Bordas; Semmelman, 1993, citados por Taveira, 2016).

2.7.1 Erosão hídrica de solos

A erosão é a deterioração de rochas e solos, incluindo o transporte das partículas pela ação de agentes erosivos, que atuam de forma interligada e caracterizam-se em **passivos** e **ativos** (Carvalho, 2008). Segundo Morgan (2005), **agentes passivos** são aqueles que podem potencializar o processo de erosão, como a vegetação, o relevo, a cobertura vegetal e o efeito da gravidade, enquanto os **agentes ativos** são responsáveis por causar o processo de erosão, como água, vento, neve, ação de micro-organismos, animais e seres humanos.

Em regiões tropicais, como a nossa, a erosão decorrente da ação da água, chamada *erosão hídrica*, é a mais relevante. Isso ocorre pela elevada erosividade da chuva (Waltrick, 2010). A erosão decorrente da água da chuva ocorre de duas formas, que foram classificadas, inicialmente, por Ellison (1950): a *splash erosion*, causada pelo impacto da gota de água no solo, que faz a desagregação de partículas; e a *scour erosion*, que é a erosão decorrente do escoamento, que desagrega as partículas de solo por meio do fluxo da água pela superfície.

A forma com que o solo responde à força exercida pelas gotas de chuva vai depender de seu teor de umidade antecedente. Le Bissonnais (1990, citado por Taveira, 2016) elucida três casos possíveis:

1. Se o solo estiver seco e a chuva tiver alta intensidade, os agregados de solo se quebram com facilidade diminuindo rapidamente sua capacidade de infiltração.
2. Se o solo estiver parcialmente úmido e a intensidade da chuva for baixa, pode ocorrer trincamento dos agregados de solo, formando agregados menores. Nesse caso, a capacidade de infiltração se mantém elevada em razão dos grandes poros formados entre os agregados.
3. Se o solo estiver saturado, a capacidade de infiltração vai depender então da condutividade hidráulica saturada do solo, que varia de acordo com o tipo de solo.

O escoamento pode causar diferentes tipos de erosão, dependendo de sua energia, da saturação do solo, da existência ou não de vegetação e do tipo de relevo. Carvalho (2008, citado por Taveira, 2016) define os tipos de erosão que podem ser causados pelo escoamento superficial:

» **Erosão em lençol ou laminar** – Consiste em um leve desgaste da camada superficial do solo, que ocorre geralmente quando o solo está saturado, durante eventos de grande intensidade pluviométrica.
» **Erosão em sulcos ou ravinas** – Ocorre em virtude da concentração do fluxo em regiões específicas, que causa depressões

no relevo, aparecendo como filetes de água que se espalham e se unem continuamente, infiltrando após pequenas distâncias.

» **Erosão por escoamento difuso e concentrado** – Consiste na evolução da erosão em sulcos ou ravinas, causa maiores depressões na superfície e torna o escoamento mais intenso, com maior arranque e transporte de materiais. Os sulcos formados podem sofrer desabamentos, formando voçorocas.

Cabe salientarmos também que, em situações com grande volume de precipitação, pode ocorrer movimento de massa, que é um processo distinto da erosão, consistindo na queda de solos e rochas, geralmente potencializado pelo excesso de água no solo.

Os fatores que influenciam os processos erosivos são considerados mediante três determinantes principais: proteção, energia e resistência. A proteção está relacionada à vegetação, que protege o solo das gotas de chuva e reduz o impacto da erosão causada pelo escoamento superficial. A energia está relacionada a fatores externos, como a capacidade de a chuva, o escoamento e o vento causarem erosão. Com relação à resistência, destacam-se a natureza do solo, seu grau de erodibilidade e suas propriedades mecânicas. O grau de erodibilidade do solo é a característica que indica sua suscetibilidade à erosão e pode variar de acordo com sua textura e sua composição química e orgânica (Morgan, 2005; Lepsch, 2002). Segundo Carvalho (2008), solos arenosos têm textura mais grossa, o que facilita o processo de infiltração, porém, geralmente apresentam estrutura mais fraca, o que faz com que sejam mais suscetíveis à força de arrastamento exercida pelo escoamento.

Outro aspecto importante que influencia nos processos erosivos é a declividade do terreno. O grau de inclinação do terreno, determinado pelo tipo de relevo em que está inserido, influencia na concentração, na dispersão, na velocidade do escoamento e, consequentemente, na ocorrência de erosão. Em terrenos inclinados, a água atinge maior velocidade do que em terrenos mais planos, potencializando a erosão e o transporte das partículas.

No sentido de compreender melhor o processo de erosão e transporte de sedimentos, são formulados modelos para representar matematicamente o processo. Atualmente, os modelos são capazes de considerar um número elevado de variáveis (Carvalho, 2008).

A *Universal Soil Loss Equation*[iii] (Usle) (Wischmeier; Smith, 1960) é um dos modelos mais conhecidos no estudo de processos erosivos. Trata-se de uma equação empírica, mas de caráter universal, pois pode ser aplicada sempre que os valores de seus parâmetros estejam disponíveis.

A equação corresponde ao produto de parâmetros ativos e passivos que atuam no processo de erosão. É representada por:

$$A = R \cdot K \cdot L \cdot S \cdot C \cdot P$$

Em que A é a perda de solo por unidade de área e tempo; R é o fator de erosividade da chuva; K é o fator de erodibilidade do solo; L é o fator topográfico do comprimento do declive; S é o fator topográfico da declividade do terreno; C é o fator de uso e manejo do solo; e P é o fator de prática conservacionista do solo. A especificação de cada fator é dada a seguir.

Especificamente, o fator R corresponde ao índice de erosão pluvial e expressa a capacidade que a chuva tem de causar erosão em uma área descoberta. Esse fator é determinado pelo produto da energia cinética de uma chuva por sua máxima intensidade em 30 minutos.

O fator de erodibilidade (K) representa a suscetibilidade do solo à erosão, estando relacionado a propriedades físicas e químicas

---

iii. Em português, *Equação Universal de Perda de Solos* (Eups).

do solo. Esse fator pode representar o grau de erosão de diferentes tipos de solo quando submetidos à mesma condição de chuva, declive e manejo.

O fator C representa a relação entre o volume de solo erodido em determinada condição de manejo e o volume de solo cultivado e mantido limpo.

O fator P, de prática de conservação, relaciona as perdas de solo de um cultivo com determinada prática e as perdas de um cultivo morro abaixo. Essa situação pode ser considerada a mais favorável para a ocorrência de erosão (Carvalho, 2008).

Os fatores L e S representam elementos topográficos relativos ao comprimento (L) e ao declive (S) do terreno. O fator L é a relação de perdas de solo entre um comprimento de declive "x" e um comprimento de rampa de 25 m para o mesmo solo e grau de declive; o fator S é igual à relação de perdas de solo entre um declive qualquer e um declive de 9% para o mesmo solo e comprimento de rampa.

A Usle sofreu alterações e deu origem à Musle (*Modified Universal Soil Loss Equation*) (Williams; Berndt, 1977). Na Musle, o índice de erosividade da chuva foi substituído pelo fator *escoamento*. Essa modificação permite modelar o transporte de sedimentos em uma bacia em eventos individuais, fazendo com que o modelo Musle seja o mais utilizado atualmente.

2.7.2 Transporte e deposição de sedimentos

Depois de passar pelo processo de erosão, a partícula de sedimento é transportada pelo canal fluvial e, assim como a erosão, pode ser classificada em diferentes tipos.

Para Carvalho (2008, citado por Taveira, 2016), a definição mais usual para as formas de transporte são as três indicadas pelo *Subcommittee on Sedimentation* (U. S. Department..., 1965)[iv]:

» **Carga sólida de arrasto** – São as partículas de sedimento que rolam longitudinalmente no curso de água em contato com o leito.
» **Carga sólida saltante** – Partículas que saltam ao longo do curso de água por meio da correnteza.
» **Carga sólida em suspensão** – Partículas que, em virtude de seu tamanho, permanecem em suspensão, caracterizando um fluxo turbulento ao longo do leito.

A tendência da bacia hidrográfica em relação ao sedimento varia desde as partes altas até as planícies. De maneira geral, a erosão e o transporte de sedimentos ocorrem nas partes altas, enquanto que, nas partes baixas, ocorre a deposição, comumente em áreas em que a energia do fluxo diminui. Esse fenômeno se associa a feições naturais, como lagoas, ou a intervenções antrópicas, como barramentos e reservatórios.

Síntese

Ao estudar os processos que fazem parte do ciclo da água, vimos que o ciclo hidrológico é um fenômeno de fatores interligados, que funcionam numa relação de dependência. Essa característica torna o estudo do ciclo hidrológico mais complexo, pois é

---

iv. Publicação que contém documentos e discussões apresentados em uma conferência sobre sedimentologia na cidade de Jackson, Missouri – EUA, entre janeiro e fevereiro de 1963. A conferência foi organizada pelo Subcomitê de Sedimentologia, que faz parte do Comitê de Recursos Hídricos organizado por várias agências intergovernamentais dos EUA.

necessário entender não somente como cada processo funciona separadamente, mas buscar a compreensão de como os elementos se influenciam, tomando como base, por exemplo, o recorte espacial da bacia hidrográfica.

Com o objetivo de compreender os processos naturais do ciclo da água, são formuladas equações e modelos que buscam representar matematicamente esses processos, configurando uma abstração da realidade. Essa abstração só é possível em decorrência do monitoramento, que possibilita o entendimento inicial da tendência de determinado processo.

Em resumo, o estudo de qualquer processo que englobe a dinâmica da água na Terra em conjunto com as demais dinâmicas ambientais tem como requisito básico o monitoramento ambiental. A partir do monitoramento se buscam as abstrações, os equacionamentos, os modelos e as representações da natureza. Neste capítulo, buscamos compreender os processos da maneira como se encontram na natureza, associando sua forma de medição e representação e abordando as teorias e equações mais elementares para o entendimento da água na natureza.

Indicação cultural

BRASIL. ANA – Agência Nacional de Águas. **Ciclo hidrológico**. Disponível em: <http://www2.ana.gov.br/Paginas/imprensa/Video.aspx?id_video=83>. Acesso em: 10 maio 2018.

O vídeo explicativo da ANA sobre a ocorrência do ciclo hidrológico é interessante e pode ser utilizado como recurso didático por professores de Geografia.

Atividades de autoavaliação

1. Observe a imagem a seguir.

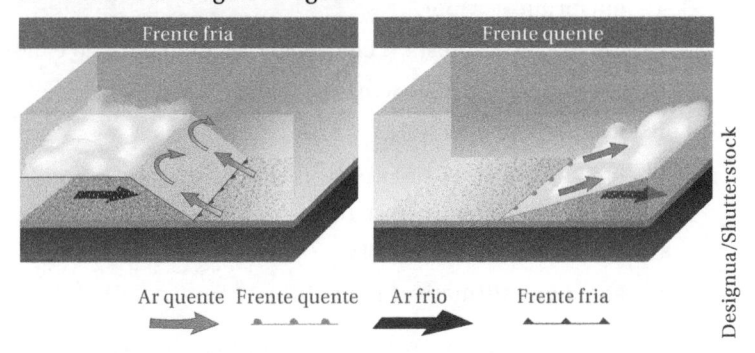

   Frente fria | Frente quente

   Ar quente   Frente quente   Ar frio   Frente fria

   De acordo com seus conhecimentos a respeito dos mecanismos de formação de precipitação, assinale a alternativa correta:
   a) A imagem apresenta a formação de chuva do tipo convectiva, que se forma pelo aquecimento de massas de ar concentradas.
   b) A imagem representa a formação de chuva orográfica, que ocorre pela influência do relevo.
   c) A imagem apresenta o efeito de sombra de chuva causado por barreiras orográficas.
   d) A imagem apresenta a formação de chuvas frontais.

2. A interceptação ocorre por meio da retenção de água da chuva pela vegetação. Considerando seus conhecimentos sobre esse processo, analise as assertivas a seguir.
   I. A precipitação que escorre pelas áreas livres de vegetação ou que escorre pelo tronco das árvores é chamada *precipitação interna*.
   II. A interceptação é calculada como a diferença entre a precipitação total e a precipitação interna.

III. A interceptação pode ser considerada como a parte da chuva que fica retida na vegetação e retorna para a atmosfera em forma de vapor.
IV. Em áreas de floresta, a ocorrência de interceptação é menor do que em áreas sem vegetação.

Estão corretas:
a) apenas as afirmativas II e III.
b) apenas as afirmativas II, III e IV.
c) as afirmativas I, II, III e IV.
d) apenas as afirmativas I, II e III.

3. A infiltração depende de fatores como a água disponível para infiltração, a permeabilidade e a porosidade do solo. Com base em seus estudos sobre o processo de infiltração, analise as asserções a seguir e assinale V para as verdadeiras e F para as falsas.

( ) O processo de infiltração ocorre em três fases: intercâmbio, transmissão e circulação.
( ) A capacidade de infiltração do solo é um fator que depende diretamente da parcela de chuva interceptada pela vegetação.
( ) A textura do solo é uma característica que varia dependendo do tipo de solo e que pode interferir em sua capacidade de infiltração.
( ) A chuva pode agir como um compactador de solo em virtude do impacto de suas gotas na superfície.

Agora, assinale a alternativa que apresenta a sequência correta:
a) V, F, V, V.
b) F, V, V, V.
c) V, F, F, V.
d) V, F, F, F.

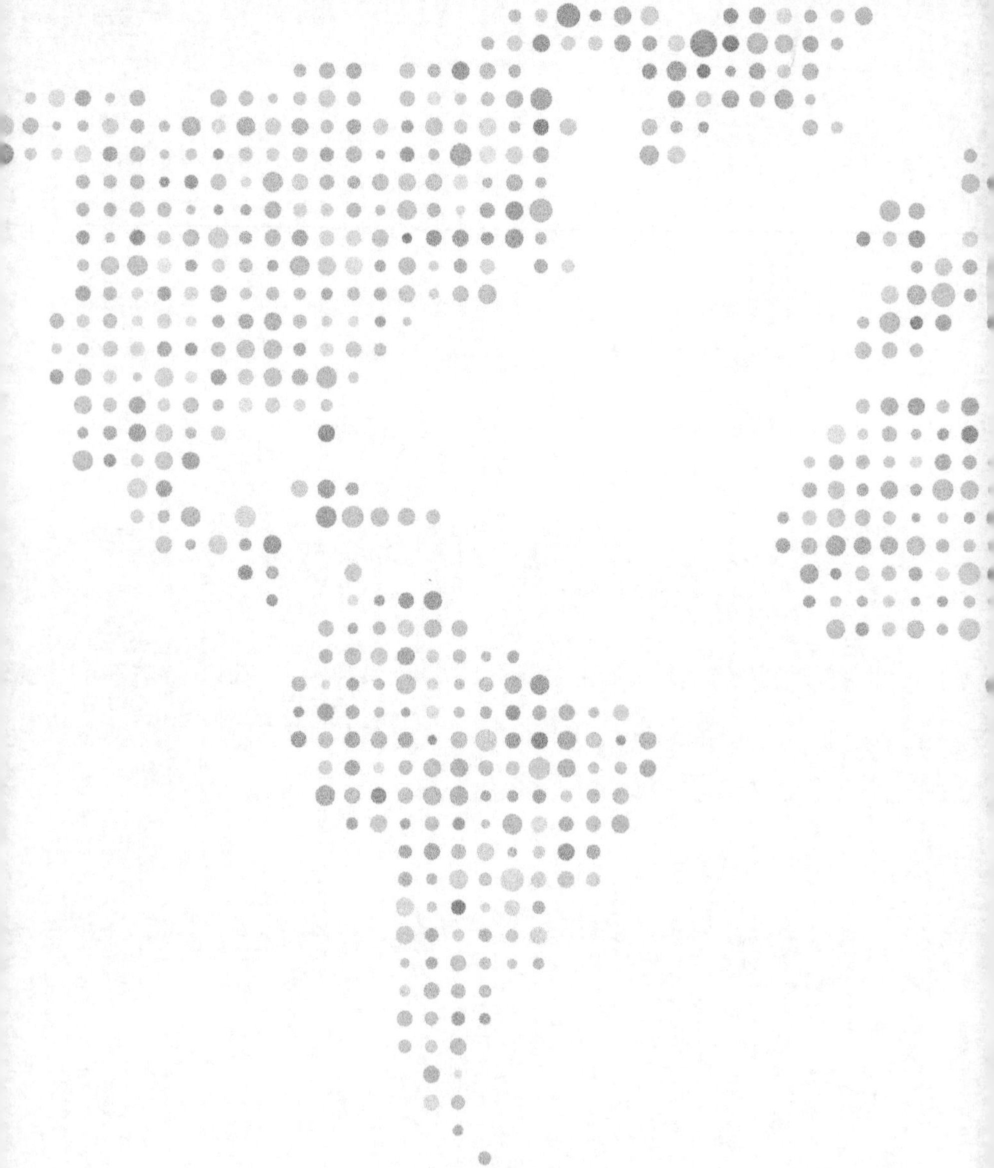

3
Usos da água e gestão de recursos hídricos

Neste capítulo, primeiramente, vamos abordar a instituição e o avanço da gestão de recursos hídricos no Brasil, seus objetivos e seus princípios. Após essa primeira aproximação, vamos conduzir o assunto para a questão da disponibilidade e da demanda hídrica, que consiste num balanço de vital importância na discussão sobre a gestão das águas. Para finalizar, e no sentido de dar a você, leitor, uma perspectiva sobre a situação do uso dos recursos hídricos em nosso país, vamos abordar cada região hidrográfica brasileira, de forma resumida, considerando os temas mais relevantes de acordo com cada localidade. O objetivo é que, ao final deste capitulo, você possa compreender qual é a função da Política Nacional de Recursos Hídricos (PNRH) e aprender sobre a realidade do uso da água no contexto brasileiro.

3.1 Gestão dos recursos hídricos: uma introdução

A regulamentação dos recursos hídricos começou a ter maior visibilidade no Brasil na década de 1930, que foi uma época de grandes mudanças no país, com crescimento de contingente populacional urbano e das atividades industriais. Nesse contexto, podemos imaginar que a demanda por água também passou a ser diferente. A água se tornou necessária para abastecer as cidades e também para fazer funcionar o setor industrial; além disso, a água apresentava outro potencial de grande importância para o país: gerar energia elétrica. Foi nesse sentido, então, que as ações de gestão foram conduzidas até o final da década de 1980. Após esse período, a gestão dos recursos hídricos passou a ser pensada em conjunto com a gestão ambiental e seu caráter gradualmente deixou de ser apenas desenvolvimentista para considerar fatores como o equilíbrio ambiental e a conservação de recursos naturais.

Se avaliarmos o contexto histórico do final dos anos 1980 e início dos anos 1990, veremos que esse período foi marcado por conferências, encontros e tratados internacionais que abordavam o uso sustentável dos recursos naturais e, aos poucos, influenciaram o desenvolvimento das políticas ambientais e de recursos hídricos no Brasil.

A Conferência Internacional de Água e Meio Ambiente, que ocorreu em Dublin em janeiro de 1992, estabeleceu uma preocupação conjunta com o futuro dos recursos hídricos no mundo (Brasil, 2012). Os participantes da conferência produziram um documento chamado *The Dublin Statement On Water and Sustainable Development*[i], o qual trouxe um conjunto de recomendações para a gestão sustentável dos recursos hídricos, incluindo quatro princípios a serem considerados no gerenciamento das águas. Esses princípios estão elencados a seguir.

> **Princípio n. 1 – A água potável é um recurso finito e vulnerável, essencial para sustentar a vida, o desenvolvimento e o meio ambiente.**
>
> Considerando que a água sustenta a vida, seu gerenciamento demanda uma visão holística, que relacione o desenvolvimento social e econômico com a proteção dos ecossistemas. Uma gestão efetiva integra o uso da água e da terra, considerando a totalidade de uma bacia hidrográfica ou um aquífero subterrâneo.

---

i. Tratado de Dublin para água e desenvolvimento sustentável. Documento completo em inglês disponível em: <http://www.wmo.int/pages/prog/hwrp/documents/english/icwedece.html>. Acesso em: 15 fev. 2018.

Princípio n. 2 – O desenvolvimento e o gerenciamento dos recursos hídricos devem ser baseados num modelo de gestão participativa, envolvendo usuários, técnicos planejadores e agentes políticos em todos os níveis.

A gestão participativa envolve a conscientização da importância dos recursos hídricos para agentes políticos e para a população geral. Ou seja, as decisões sobre recursos hídricos devem ser tomadas no menor nível apropriado com consulta pública, envolvendo os usuários da água no planejamento e na implementação de ações de gestão de recursos hídricos.

Princípio n. 3 – As mulheres têm um papel central no suprimento, na gestão e na proteção dos recursos hídricos.

A importância do papel da mulher no planejamento dos recursos hídricos raramente tem se refletido dos arranjos institucionais para gestão da água. A aceitação e a implementação desse princípio requerem políticas voltadas para a participação da mulher em todos os níveis de decisão e em programas de gestão de recursos hídricos.

Princípio n. 4 – A água tem valor econômico e deve ser reconhecida como um bem econômico.

Nesse princípio, é importante reconhecer o acesso à água limpa e aos serviços de saneamento como direitos básicos da humanidade. Considerar a água um bem econômico é necessário para um uso eficaz e igualitário e para incentivar a conservação e a proteção dos recursos hídricos.

Fonte: WMO, 2018, tradução nossa.

As recomendações para a gestão dos recursos hídricos publicadas na Declaração de Dublin objetivam proporcionar benefícios às nações, como:

- » mitigação e prevenção da pobreza e de doenças;
- » proteção contra desastres naturais;
- » conservação e reaproveitamento da água;
- » desenvolvimento urbano sustentável;
- » produção agrícola e abastecimento de água em áreas rurais;
- » proteção do ecossistema aquático;
- » resolução de conflitos relacionados ao uso da água;
- » criação de um ambiente facilitador para a gestão dos recursos hídricos;
- » criação de uma base de conhecimento sobre recursos hídricos, envolvendo pesquisa e análise;
- » capacitação de pessoas para gestão dos recursos hídricos;
- » prosseguimento de ações visando ao planejamento e à gestão da água, continuidade que deve se dar por meio de avaliações periódicas de progresso em níveis internacional e nacional em todas as nações participantes.

Posteriormente à Conferência Internacional de Água e Meio Ambiente, esses princípios foram referendados na Conferência das Nações Unidas Sobre o Meio Ambiente (ECO-92), realizada na cidade do Rio de Janeiro, em junho de 1992, e são considerados até os dias atuais para o planejamento de políticas e ações relacionadas aos recursos hídricos, conforme veremos nos itens seguintes.

3.2 Introdução ao Direito de Águas no Brasil: aspectos legais e institucionais da gestão de recursos hídricos

O Direito de Águas pode ser entendido como "o conjunto de princípios e normas jurídicas que disciplinam o domínio, uso, aproveitamento e a preservação das águas assim como a defesa contra suas danosas consequências" (Pompeu, 2006, p. 39). O primeiro documento a dispor sobre o Direito de Águas no Brasil foi o Código de Águas de 1934, elaborado com o objetivo de controlar e incentivar o aproveitamento industrial das águas, em especial o aproveitamento hidráulico. O Código de 1934 buscava assegurar o uso gratuito de qualquer fonte de água e também dispunha sobre a outorga de uso dos recursos hídricos, elemento que se tornou de fundamental importância na evolução da regulamentação do uso da água em todo Brasil.

Segundo Pompeu (2006), a derivação de águas públicas para fins de utilidade pública era outorgada mediante **concessão** administrativa, enquanto os usos particulares eram outorgados mediante **autorização** administrativa. A outorga de recursos hídricos no Código de 1934 visava aos usos múltiplos da água, uma vez que as águas destinadas a determinado uso não poderiam ser destinadas para outro sem que fosse feito o pedido de nova autorização. Essa herança permanece até os dias atuais na regulamentação do uso da água no Brasil, em que a utilização múltipla é um elemento de grande peso, conforme veremos no decorrer deste capítulo.

O próximo documento legal de grande importância para o Direito de Águas no país foi a Constituição de 1988[ii]. No que compete aos dispositivos sobre recursos hídricos, a Constituição declarou dois domínios para os corpos de água: águas de domínios da União e águas de domínio dos estados. As águas de domínio da União se referem aos rios e lagos que estejam situados em mais de um estado, façam divisa entre estados ou entre o Brasil e países vizinhos, e também rios que provenham de países vizinhos ou que se estendam a outros países. O domínio estadual se dá às águas superficiais que nascem e deságuam em um mesmo território estadual, às águas subterrâneas e águas fluentes, emergentes e em depósitos dentro de um mesmo estado. Essa declaração torna todo corpo de água um bem comum de domínio da União ou dos estados.

Avanços importantes também ocorreram na década de 1930 no que diz respeito a mudanças de paradigmas de uma gestão centralizada e pautada por interesses da indústria e do setor elétrico para um modelo sistêmico de governança, com princípios mais contemporâneos, que contemplam fatores como a integração, a descentralização e a participação (Brasil, 2012).

3.2.1 Política Nacional de Recursos Hídricos

Prosseguindo em nossa história resumida do Direito de Águas, em 8 de janeiro de 1997, foi criada a Lei n. 9.433[iii] (Brasil, 1997), que instituiu a Política Nacional de Recursos Hídricos (PNRH)

---

ii. O dispositivo sobre recursos hídricos da Constituição de 1988 pode ser acessado na íntegra em: <http://www.meioambiente.pr.gov.br/arquivos/File/coea/pncpr/ConstituicaoFederal_dispositivo_recursos_hidricos.pdf>. Acesso em: 15 fev. 2018.

iii. Você pode consultar a lei na íntegra em: <http://www.planalto.gov.br/ccivil_03/Leis/L9433.htm>. Acesso em: 7 mar. 2018.

no Brasil, refletindo um marco regulatório de valoração dos recursos hídricos, atribuindo à água valor econômico, ressaltando sua vulnerabilidade e finitude e induzindo a participação popular nas atividades de gestão dos recursos hídricos.

Os fundamentos da Lei n. 9.433/1997 baseiam-se nos seguintes fatores:

- A água é um bem de domínio público.
- É recurso natural limitado e dotado de valor econômico.
- Em situações de escassez, o uso prioritário é destinado ao consumo humano e à dessedentação de animais.
- A gestão dos recursos hídricos deve proporcionar o uso múltiplo das águas.
- A bacia hidrográfica é a unidade territorial para a implementação da PNRH e a atuação do Sistema Nacional de Gerenciamento dos Recursos Hídricos.
- A gestão dos recursos hídricos deve ser descentralizada e contar com a participação do Poder Público, dos usuários e das comunidades.

Ainda conforme a Lei n. 9.433/1997, sua implementação tem por objetivo assegurar à atual e às futuras gerações a necessária disponibilidade de água em padrões de qualidade adequados aos respectivos usos, visando à utilização racional e integrada dos recursos hídricos, além da prevenção e da defesa contra eventos hidrológicos críticos, de origem natural ou decorrentes do uso inadequado dos recursos naturais.

Para que haja a execução da PNRH, foram instituídos alguns instrumentos:

I **Planos de Recursos Hídricos** – Estudos prospectivos elaborados por bacia hidrográfica, que têm o objetivo de adequar os usos múltiplos em cada bacia, realizar a partição da vazão entre os usuários, compatibilizar e articular projetos de intervenções; em resumo, produzir e compilar informações que auxiliem na tomada de decisão, considerando a particularidade e as características das bacias hidrográficas para as quais os estudos são realizados (Lanna, 2012).

II **Enquadramento dos corpos de água em classes, segundo os usos preponderantes da água** – O enquadramento estabelece um sistema de controle de qualidade da água de mananciais, associando-se mais à gestão qualitativa da água (Setti et al., 2001).

III **Outorga dos direitos de uso de recursos hídricos** – Objetiva controlar quantitativa e qualitativamente o uso da água.

Segundo Azevedo et al. (2003), a outorga é um instrumento jurídico por meio do qual o Poder Público confere a um ente público ou privado a possibilidade de uso privativo de um recurso. Como no Brasil as águas são bens públicos, de domínio da União, dos estados ou do Distrito Federal, todo uso deve ser outorgado.

IV **Cobrança pelo uso de recursos hídricos** – A cobrança pelo uso visa criar um equilíbrio entre oferta e demanda, além de promover a redistribuição dos custos sociais, melhorar a qualidade dos efluentes e recolher fundos financeiros para o setor (Setti et al., 2001).

V **Sistema de informações sobre recursos hídricos** – Tem a função de reunir, tornar consistentes e disponibilizar dados e informações de ordem qualitativa e quantitativa dos recursos hídricos no Brasil, mantendo atualizadas essas informações e fornecendo subsídios para os Planos de Recursos Hídricos (Brasil, 1997).

O Sistema Nacional de Gerenciamento de Recursos Hídricos, proposto pela Lei n. 9.433/1997, apresenta um corpo institucional relacionado à gestão dos recursos hídricos com os seguintes objetivos: coordenar a gestão integrada das águas; arbitrar administrativamente os conflitos relacionados com os recursos hídricos; implementar a PNRH; planejar, regular e controlar o uso, a preservação e a recuperação dos recursos hídricos e promover a cobrança pelo uso de recursos hídricos.

O Conselho Nacional de Recursos Hídricos (CNRH), segundo Setti et al. (2001), é o órgão mais elevado, em termos administrativos, no corpo institucional que integra o Sistema Nacional de Gerenciamento de Recursos Hídricos. Cabe a ele a tomada de grandes decisões do setor. O corpo institucional é também composto de comitês de bacia hidrográfica, organizações civis de recursos hídricos e agências de água. Os comitês são formados por indivíduos do Poder Público e da sociedade civil em geral, caracterizando um elemento importante na descentralização da gestão dos recursos hídricos; as organizações civis atuam mais na área de planejamento, que está relacionada a processos decisórios; e as agências são órgãos responsáveis pela cobrança dos recursos hídricos.

3.2.2 Sistema Nacional de Gerenciamento dos Recursos Hídricos e Agência Nacional de Águas

O Sistema Nacional de Gerenciamento de Recursos Hídricos é integrado pelas seguintes instituições: Conselho Nacional de Recursos Hídricos (CNRH), Agência Nacional de Águas (ANA), Conselhos de Recursos Hídricos Estaduais e do Distrito Federal (CERH), comitês de bacia hidrográfica, órgãos públicos relacionados à gestão dos recursos hídricos (Ministério do Meio Ambiente – MMA; Secretaria de Recursos Hídricos e Ambiente Urbano – SRHU; entidades estaduais e secretarias estaduais) e agências de água. O sistema funciona nas esferas nacional e estadual, dividindo-se em funções de formulação e implementação de políticas. O esquema a seguir apresenta a estruturação do Sistema Nacional de Gerenciamento de Recursos Hídricos de forma simplificada.

Figura 3.1 – Estrutura institucional de gestão de recursos hídricos no Brasil

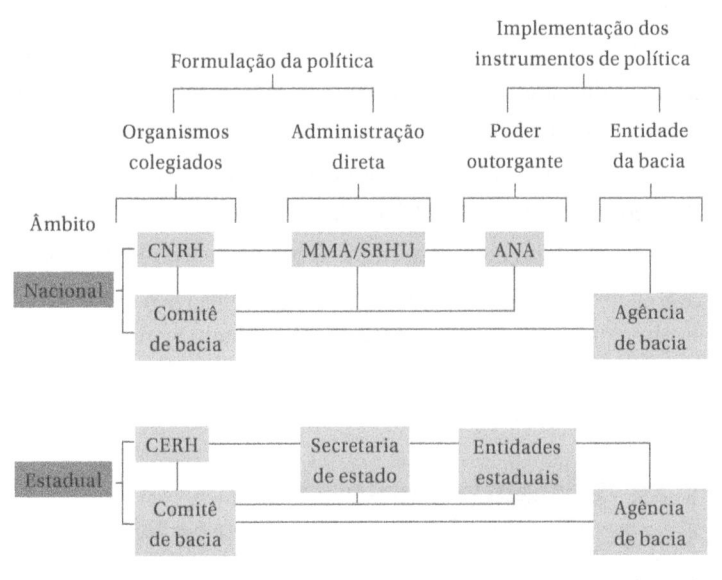

Âmbito	Formulação da política		Implementação dos instrumentos de política	
	Organismos colegiados	Administração direta	Poder outorgante	Entidade da bacia
Nacional	CNRH	MMA/SRHU	ANA	
	Comitê de bacia			Agência de bacia
Estadual	CERH	Secretaria de estado	Entidades estaduais	
	Comitê de bacia			Agência de bacia

Fonte: Brasil, 2018b.

Principais funções do corpo institucional, segundo o Ministério do Meio Ambiente (Brasil, 2018b):

» **Conselhos de recursos hídricos** – Subsidiam a formulação da PNRH e promovem a articulação entre as esferas nacional e estadual.

- **MMA/SRHU** – Formula políticas e o orçamento da União.
- **ANA** – Implementa o Sistema Nacional de Recursos Hídricos, outorga e fiscaliza o uso dos recursos hídricos de domínio da União.
- **Órgãos estaduais de recursos hídricos** – Outorgam e fiscalizam o uso de recursos hídricos de domínio estadual.
- **Comitês de bacia** – Decidem sobre Plano de Recursos Hídricos, em aspectos relacionados a qualidade, quantidade e cobrança do uso da água.
- **Agências de água** – Têm função de escritório técnico dos comitês de bacias.

A ANA foi criada por meio da Lei n. 9.984, de 17 julho de 2000 (Brasil, 2000) como uma entidade de implementação da PNRH e de coordenação do Sistema Nacional de Gerenciamento dos Recursos Hídricos. A ANA tem as funções de regular o acesso aos recursos hídricos de domínio da União, realizar o monitoramento dos recursos hídricos no país em conjunto com os estados, aplicar a PNRH em conjunto com órgãos estaduais de gestão e realizar o planejamento integrado da gestão dos recursos hídricos no Brasil.

A ANA pode ser considerada um órgão executor, uma vez que é responsável pela implementação do Sistema Nacional de Gerenciamento de Recursos Hídricos, focando na gestão por bacias e na implantação dos comitês de bacia hidrográfica. Contudo, por ser também responsável pela regulação do uso dos recursos hídricos, pela fiscalização do uso da água e pela mediação dos conflitos pelo uso múltiplo dos recursos hídricos, apresenta ainda um caráter regulador (Freitas; Rangel; Dutra, 2001).

Freitas, Rangel e Dutra (2001) ressaltam que a ANA, em suas atribuições, tem um viés técnico-científico e um viés político. Apesar de serem de natureza distintas, essas duas faces precisam agir simultaneamente articuladas entre si. O viés técnico-científico está relacionado à identificação e à proposição de melhorias para o setor, enquanto o viés político se aplica especificamente a fatores de gestão, relacionados aos diversos atores que participam do processo na bacia hidrográfica. A articulação de todos esses atores de forma descentralizada e participativa é que dá um caráter político à ANA.

Outra instituição bastante importante na garantia da gestão participativa dos recursos hídricos são os comitês de bacia hidrográfica. Trata-se de organismos colegiados que integram o usuário da água e os sistemas gestores. Os comitês de bacia se diferem das demais instâncias de participação pública na gestão da água, "pois têm como atribuição legal deliberar sobre a gestão da água fazendo isso de forma compartilhada com o poder público" (Brasil, 2011, p. 19). Isso dá ao comitê de bacia o poder de Estado, ou seja, o poder de tomar decisão sobre um bem público de uso comum. Assim, as regras definidas para o uso da água que são aplicadas como leis e decretos pelo poder regulador passam antes pelo comitê de bacias.

3.3 Princípios da gestão de recursos hídricos

Conforme consta na PNRH, a gestão é realizada com base em alguns princípios que buscam a sustentabilidade e a boa utilização da água. Alguns autores e estudiosos dos recursos hídricos reúnem na literatura esses princípios, que têm servido de base para a gestão apropriada da água no Brasil. Com base na compilação e na análise realizada por Corrêa e Teixeira (2006), veremos a seguir alguns dos princípios apoiados no conceito de **sustentabilidade** que se referem especificamente aos recursos hídricos.

- **Universalização do acesso aos recursos hídricos** – A água é um bem comum, de domínio público, e deve ter distribuição equitativa, incluindo sistema de saneamento básico. O princípio da universalização também compreende o uso das gerações futuras, que não deve ser comprometido pela geração atual.
- **Integração dos aspectos econômicos, sociais, ecológicos, políticos e culturais na gestão de recursos hídricos** – Na atividade de gestão, é preciso integrar diferentes aspectos, sendo a política o elemento-chave responsável pela sistematização de ações nas vertentes socioeconômicas, ecológicas e culturais.
- **Gestão descentralizada por bacia hidrográfica** – Cada bacia deve ser adotada como unidade territorial de gestão dos recursos hídricos, envolvendo todos os atores (usuários da água, líderes políticos, organizações não governamentais – ONGs, entre outros) que se encontram dentro dos limites da bacia.
- **Gestão participativa** – Deve haver cooperação entre os usuários da água (comunidade geral, empresas, indústrias) e o Poder Público ou privado responsável pela gestão dos recursos hídricos. Esse princípio está diretamente ligado à gestão descentralizada por bacia hidrográfica, pois o caráter participativo se dá com o acesso da comunidade aos comitês de bacia, às agências e aos planos de recursos hídricos.
- **Cooperação internacional e inter-regional** – É a cooperação entre países com a divulgação e a disponibilização de novas tecnologias para a melhor gestão dos recursos hídricos, compartilhando experiências bem-sucedidas, incluindo também o planejamento do uso da água em rios transfronteiriços.
- **Sistematização e disponibilização das informações** – Partindo do princípio da gestão participativa, o acesso aos dados e às informações relacionados aos recursos hídricos deve ser realizado de forma clara e direcionada a usuários de todos os níveis.

- **Atuação preventiva na gestão dos recursos hídricos** – É necessária a avaliação adequada da disponibilidade e da demanda do uso da água, o desenvolvimento de técnicas e tecnologias que possam mitigar e evitar impactos negativos nos recursos hídricos que advenham de usos variados.
- **Planejamento integrado, sistemático e abrangente do uso dos recursos hídricos** – Esse princípio visa assegurar a todos o direito de acesso e participação na gestão dos recursos hídricos por todos os atores envolvidos, desde usuários da sociedade civil, empresas, indústrias, até o Poder Público. O planejamento integrado faz parte das ações de descentralização, disponibilidade, demanda e uso múltiplo e deve ser efetuado para o bom funcionamento da gestão participativa.
- **Valor econômico dos recursos hídricos** – Relacionado com a cobrança pelo uso da água, que atribui valor econômico aos recursos hídricos, responsabilizando usuários e poluidores. Sobre esse princípio, é válido ressaltarmos que a cobrança tem por objetivo dar ao usuário da água maior noção de seu valor econômico; incentivar o uso ponderado; e, finalmente, obter recursos financeiros para a recuperação e a gestão de bacias hidrográficas.
- **Educação para a gestão dos recursos hídricos** – Esse princípio promove a educação ambiental e o desenvolvimento tecnológico, visando à sustentabilidade no uso dos recursos hídricos.
- **Solução negociada de conflitos** – Considerando uma visão sistêmica de gestão e o uso múltiplo da água, é essencial pensar ações que visem à minimização de conflitos por meio da participação e da cooperação entre usuários.

Saiba mais

Quem paga pelo uso da água? E como funciona?

A Lei de Águas de 1997 (Lei n. 9.433/1997) determina que qualquer usuário que utilizar a água para sua atividade econômica, seja pela captação da água para atividades de indústria, irrigação, dessedentação de animais, seja pelo lançamento de efluentes domésticos ou industriais, causando algum impacto qualitativo ou quantitativo sobre os recursos hídricos, deve obter autorização para isso por meio da outorga de direito de uso da água. Além da outorga, o usuário poderá ter de pagar por esse uso. A cobrança do uso da água não é uma multa e também não deve ser confundida com a tarifa paga às empresas de saneamento das cidades (a conta de água). A cobrança do uso da água é uma remuneração que se dá pelo uso de um bem natural, de domínio público e direito de todos. Deve ser cobrado de quem utiliza a água diretamente dos rios e demais corpos de água. Em resumo, quem usa e polui mais deve pagar mais, e quem usa menos e polui menos deve pagar menos. A cobrança também permite obter informações sobre quem são os principais usuários da água e quanto ou como esses usuários as utilizam (Brasil, 2017a).

A cobrança pelo uso dos recursos hídricos ainda está em implantação no Brasil. Até o momento, apenas foi posta em prática nos Estados do Rio de Janeiro, de São Paulo, de Minas Gerais, do Paraná e da Paraíba e em alguns casos de uso da água em rios pertencentes à União (aqueles que banham mais de um estado ou que são transfronteiriços) (Brasil, 2017a). Com a criação da ANA, iniciou-se também a cobrança para o uso da água no setor hidrelétrico. Em 2016, por exemplo, o total arrecadado no setor foi de aproximadamente 209 milhões (Aneel, 2017, citada por Brasil, 2017a). Esse montante, assim como as demais arrecadações por bacia hidrográfica nos estados ou nas bacias gerenciadas pela União, é destinado ao Ministério do Meio Ambiente para despesas de obrigações da PNRH e do Sistema de Gerenciamento de Recursos Hídricos (Brasil, 2017a).

3.4 Usos múltiplos da água

A gestão de recursos hídricos tem um objetivo principal e comum em todos os países, que é garantir a disponibilidade de água em quantidade e qualidade para o consumo humano e animal e para os demais usos. Nas últimas décadas, o crescimento populacional e o desenvolvimento econômico nos setores agropecuário e industrial têm demandado maior volume de água para o funcionamento de suas atividades. No setor agropecuário, as maiores demandas de água são para a irrigação e a dessedentação animal; na indústria, além da demanda de retirada para a produção, existe a demanda para lançamento de efluentes, que são potenciais poluidores dos corpos hídricos, podendo inviabilizar o uso para outras atividades. O abastecimento humano em grandes centros urbanos também caracteriza um problema, pois, geralmente em regiões metropolitanas, o grande contingente populacional está ligado a atividades industriais, gerando o conflito do uso da água para abastecimento e para lançamento de efluentes domésticos e industriais.

Conforme ocorre a densificação de atividades num mesmo local, inicia-se o conflito pelo uso da água. Assim, surge a necessidade de uma harmonização entre os usos para garantir que todas as atividades utilizem os recursos hídricos, reservando ainda uma quantidade aceitável para o desenvolvimento do ecossistema aquático.

Lanna (2012) setoriza os conflitos de uso da água de acordo com três fatores: destinação do uso, disponibilidade qualitativa e disponibilidade quantitativa. O conflito de destinação de uso ocorre quando há destinação da água para fins que não foram estabelecidos previamente por meio de políticas ou de regulamentação – por exemplo, quando se usa água de uma reserva natural ecológica para irrigação. O conflito qualitativo está diretamente relacionado à captação de água de trechos de rios poluídos: quando há retirada de trechos poluídos, a vazão mínima diminui, reduzindo o volume de água para diluição dos poluentes e comprometendo ainda mais a qualidade da água. E, finalmente, o conflito quantitativo, que diz respeito ao esgotamento da quantidade de água em razão do uso inadequado – por exemplo, quando há captação em demasia por um usuário da água em determinada bacia a ponto de provocar a falta dela para outro usuário, podendo afetar também usos não consuntivos, como navegação e aproveitamento hidrelétrico.

> **Saiba mais**
>
> **Usos consuntivos e não consuntivos**
>
> O uso da água é classificado, comumente, em dois tipos:
>
> 1. **Consuntivo** – É aquele que demanda a retirada da água para atender a determinado uso. Parte da água retirada volta para o ambiente após o uso, caracterizando a vazão de retorno. "A água não devolvida, ou vazão de consumo, é calculada pela diferença entre a vazão de retirada e a vazão de retorno" (Brasil, 2013, p. 87).
> 2. **Não consuntivo** – Ocorre em casos em que não há vazão de consumo, ou seja, quando a água é captada e devolvida em

sua totalidade, sem sofrer alterações relevantes, ou quando a água serve apenas de base para certa atividade, como é o caso da navegação. Os usos não consuntivos mais comuns são navegação, pesca e atividades de recreação.

Os conflitos pelo uso da água ocorrem em conjunto em regiões mais desenvolvidas ou com carência de recursos hídricos (Lanna, 2012). O uso múltiplo é então caracterizado pela possibilidade de uso da água em diferentes atividades. Sob o ponto de vista da PNRH, esse é um princípio a ser seguido para o gerenciamento adequado da água, ou seja, é necessário garantir água em qualidade e quantidade para atender à demanda de diferentes usuários em uma bacia hidrográfica. Para entender melhor a questão do uso múltiplo, atente para o exemplo a seguir.

Vamos supor que uma bacia hidrográfica X seja responsável pelo abastecimento de água da Cidade A e da Área Rural A, e que a Cidade A utiliza o ponto 1 para a captação de água para abastecimento da população e o ponto 2 para o lançamento de efluentes domésticos; além disso, a Área Rural A utiliza o ponto 3 para a dessedentação animal e o ponto 4 para a irrigação, conforme apresentado na Figura 3.2.

Figura 3.2 – Exemplo de usos múltiplos em uma bacia hidrográfica

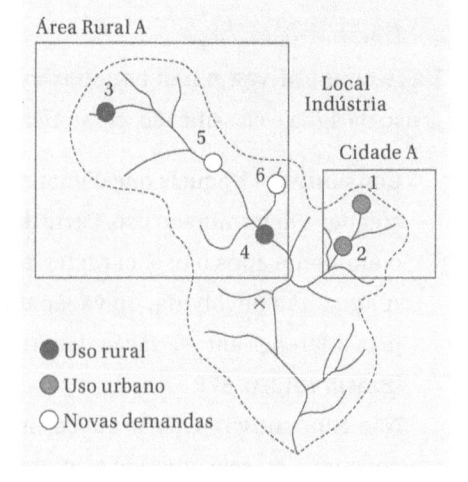

A situação da bacia hidrográfica X caracteriza o uso múltiplo da água. Supondo que haja água disponível para todas essas atividades, não há conflito pelo uso, pois existe uma relação harmônica entre os usos na bacia. Observe que o ponto de captação de água na cidade fica a montante do ponto de lançamento de efluentes, o que evita problemas de qualidade.

Agora, vamos supor que haja o interesse da instalação de uma indústria entre a Área Rural A e a Cidade A. A indústria precisa de água para o processamento de seus produtos (ponto 6) e para o lançamento de efluentes químicos, com alto potencial de contaminação da água (ponto 5). Nesse caso, pode haver conflito pelo uso da água, isso porque os dois pontos solicitados pela indústria podem causar um déficit quantitativo e qualitativo na bacia, pois, considerando que esses pontos se localizam a montante do uso de irrigação agrícola, a contaminação da água pelo lançamento de efluentes industriais poderia inviabilizar o uso para irrigação, além de que a captação de água para indústria também poderia resultar em uma diminuição da disponibilidade hídrica para a irrigação.

Esse é um caso hipotético, porém, representa a realidade da maioria das bacias brasileiras, conforme veremos mais adiante neste capítulo. É importante ressaltar também que, além da questão ambiental de disponibilidade e demanda hídrica, está implícita no uso da água a questão econômica e social. A instalação de uma indústria, como no exemplo anterior, pode ser um vetor de crescimento, com geração de empregos e oportunidades em uma cidade, mas também traz um custo ambiental. Nesse caso, entra a função do planejamento ambiental, que pretende viabilizar esses empreendimentos com o menor impacto ambiental possível. No entanto, toda essa dinâmica social-econômica-ambiental caracteriza uma dificuldade na gestão dos recursos hídricos.

Segundo Lanna (2012), essa dificuldade que advém do compartilhamento dos recursos hídricos caracteriza uma desvantagem do uso múltiplo. Segundo o autor, o uso múltiplo da água gera a necessidade de um estabelecimento de regras que tende a centralizar o poder de decisão sobre esse uso, criando um círculo institucional muito complexo, envolvendo o Poder Público e o interesse econômico, o que, por sua vez, exige a criação de entidades multissetoriais de grande porte e difícil administração.

Assim, do ponto de vista do planejador, o uso múltiplo em si não é uma opção, e sim uma realidade, que surge no mesmo passo do desenvolvimento econômico. A opção, no caso, seria a **integração harmônica** do uso múltiplo, pois esse uso sem integração harmônica resulta no conflito entre usuários e compromete a eficiência das diferentes atividades que podem ocorrer numa bacia hidrográfica (Lanna, 2012).

3.4.1 Demanda e disponibilidade hídrica

No contexto da gestão de recursos hídricos, a disponibilidade e a demanda são termos-chave, porque é com base nesse balanço que são aplicados os instrumentos de gestão, no sentido de garantir o uso múltiplo da água. A demanda de água consiste na água necessária para consumo ou execução de alguma atividade, de caráter consuntivo ou não. Conforme vimos no item anterior, as principais demandas de um país são para agricultura, indústria e consumo humano. Como no Brasil os princípios da gestão de recursos hídricos preconizam um caráter descentralizado, a demanda hídrica geralmente é calculada por bacia hidrográfica.

O cálculo da demanda hídrica é realizado de acordo com o tipo de atividade; por exemplo, o cálculo para demanda de consumo humano considera aspectos socioeconômicos da população para chegar a um volume de água *per capita*; para demanda de irrigação, são considerados os tipos de cultura e os coeficientes de cada uma – a demanda de água para o cultivo de arroz, por exemplo, é diferente da demanda para o cultivo de soja, e assim por diante.

A demanda por uso de água depende de fatores como o desenvolvimento econômico e o processo de urbanização do país. Estima-se que até 2030 a retirada de água no país aumente cerca de 30%. Atualmente, a média total de água consumida no Brasil é calculada em 1.081,3 m^3/s, sendo 67,2% desse montante para uso de irrigação. O segundo uso que mais demanda água é para o consumo animal (11,1%), seguido pela indústria (9,5%), pelo abastecimento urbano (8,8%), pelo abastecimento rural (2,4%), pela mineração (0,8%) e pelas termelétricas (0,3%) (Brasil, 2017b).

A demanda para a irrigação é uma espécie de suplemento para a oferta natural de água (chuvas), utilizada para manter culturas agrícolas. Em regiões com pouca chuva, como o semiárido, a agricultura só é possível devido à irrigação. Geralmente, a água é derivada diretamente de canais fluviais por pequenos sistemas de abastecimento, que podem incluir barramentos e reservatórios. Para o lançamento de efluentes agrícolas, principalmente a suinocultura e a criação de aves em granjas, também são montados sistemas, que podem ou não contar com um mecanismo de tratamento antes do lançamento nos corpos hídricos.

O abastecimento humano é comumente feito por empresas de saneamento (particulares, públicas ou mistas) que montam um grande sistema de adução e tratamento de água e de coleta e tratamento de esgoto, utilizando um ou mais mananciais para atender a população. Nesse caso, e também para abastecimento da população rural, é bastante comum o uso de poços, que captam água de reservas subterrâneas (aquíferos). Em épocas de estiagem, quando o nível dos rios está mais baixo, o uso de poços é reforçado, para evitar que haja uma situação de estresse hídrico ao ecossistema aquático de rios.

Figura 3.3 – Sistema adutor de água

Delfim Martins/Pulsar Imagens

O uso da água em indústrias pode ser para geração de energia (hidráulica ou elétrica), incorporação nos produtos, lavagem de materiais e lançamento de efluentes industriais, que são os resíduos gerados pela indústria.

Como mencionamos anteriormente, existem também os usos não consuntivos, que usam a água como base de sua atividade, porém não representam um risco real para a quantidade ou para a qualidade dela. É o caso da navegação, que utiliza canais fluviais maiores para o transporte de passageiros, grãos, minérios ou produtos. A navegação pode ser afetada por estiagem ou por casos de desequilíbrio ambiental em que há o assoreamento de canais decorrentes de um elevado transporte de sedimentos que esteja ocorrendo nas vertentes da bacia hidrográfica. Por outro lado, é válido ressaltar que os combustíveis utilizados nas embarcações podem representar um risco potencial ao ecossistema aquático no local onde ocorre a navegação. O mesmo pode ocorrer nas atividades de pesca, que, apesar de ser classificada como uma atividade não consuntiva, quando realizada de forma predatória, não respeitando o período de reprodução dos peixes, pode ser um risco à biodiversidade e ao equilíbrio ambiental dos rios.

A geração de energia elétrica também é considerada um uso não consuntivo de água. Para o funcionamento de uma hidrelétrica, é necessário que haja condições naturais de relevo que permitam o represamento da água e a condução desta, por gravidade, até as turbinas e os geradores, os quais transformam a energia cinética da água em energia mecânica. Posteriormente, um gerador converte a energia mecânica em energia elétrica. No entanto, no caso da geração de energia termelétrica, considera-se que ocorre o consumo de água, pois a energia é gerada pelo aquecimento da água para a produção de vapor, fazendo com que existam perdas por evaporação.

O Mapa 3.1 representa as demandas por região hidrográfica com relação aos usos principais em cada uma delas.

Mapa 3.1 – Demandas de água no Brasil

Classe 1 - Predomínio do uso urbano em relação aos demais usos.

Classe 2 - Predomínio (mais de 60% da demanda total) dos usos de irrigação em relação aos demais usos.

Classe 3 - Predomínio (40% a 50% da demanda total) dos usos de irrigação em relação aos demais usos.

Classe 4 - Apresentam baixas vazões de retirada.

Fonte: Brasil, 2013, p. 93.

A disponibilidade hídrica, por outro lado, que é a água disponível para o uso, está relacionada à precipitação, às águas superficiais, como rios e lagos, e à água subterrânea. A disponibilidade também é calculada por bacia hidrográfica e seu valor depende dos usos múltiplos da água nessa bacia, ou seja, quando há determinado uso na bacia da qual se deseja calcular a disponibilidade ou de uma bacia a montante, o valor referente a esse uso deve ser subtraído da disponibilidade. Quando não há nenhum tipo de uso na bacia, então consideramos que há uma **disponibilidade hídrica natural**.

A água se encontra na natureza em maior abundancia em rios, lagos e aquíferos subterrâneos. Assim, é possível calcular a disponibilidade hídrica superficial e subterrânea separadamente. A disponibilidade superficial está presente em canais fluviais, lagos, reservatórios e lagoas e é calculada com base na vazão. Sabemos que a vazão de um rio não é sempre igual, dependendo de vários fatores, como relevo, tipo de solo, vegetação e principalmente clima (chuvas). Por isso, calcular a disponibilidade hídrica com base na vazão média de um rio não é o melhor método. A vazão média considera também as vazões máximas, que ocorrem durante eventos de chuva intensa ou de longos períodos de chuva; portanto, se considerarmos que a disponibilidade hídrica em um canal é igual à vazão média, poderemos estar superestimando a quantidade de água nesse canal.

No Brasil, a disponibilidade hídrica é calculada considerando uma margem de segurança, para garantir que, mesmo com a derivação para os usos múltiplos, ainda haja água suficiente para manter o ecossistema aquático saudável. O método para calcular a disponibilidade hídrica superficial no Brasil adota a vazão incremental de estiagem considerando permanência de 95%. Isso significa que a vazão que representa a disponibilidade hídrica superficial é aquela igualada ou superada em determinado canal em 95% do tempo. Para obter essa informação, uma curva de permanência é elaborada utilizando uma série histórica de vazão, pela qual é possível observar a vazão relacionada ao tempo de ocorrência. Segundo Cruz e Tucci (2008), a curva de permanência para a análise de disponibilidade hídrica é utilizada em razão da capacidade de representação de períodos de estiagem.

No Gráfico 3.1, Q representa a vazão e T o tempo em porcentagem que vai de 0 a 100. A vazão de permanência de 95% do tempo está representada pelo encontro da linha tracejada. A vazão abaixo da Q95 é representativa da vazão de estiagem. É importante considerar que, para a elaboração da curva de permanência, quanto mais longo for o período de dados utilizados, maior será sua representatividade.

Gráfico 3.1 - Exemplo de curva de permanência indicando a permanência de 95%

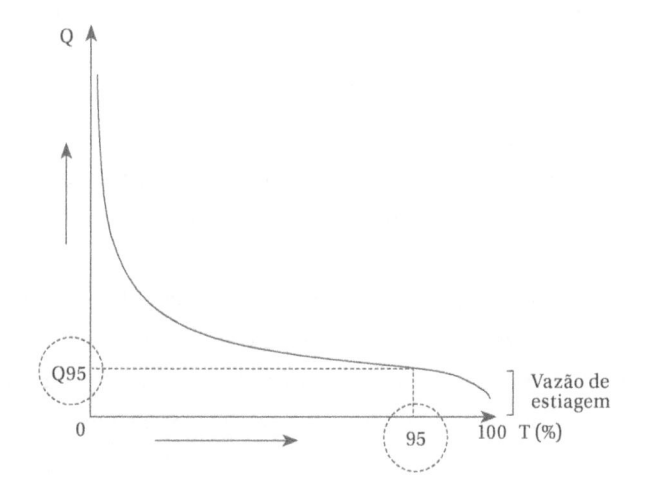

No Brasil, a vazão média superficial é de 179.400 m³/s e a disponibilidade hídrica média superficial é da ordem de 85.500 m³/s (Brasil, 2005). A maior parte dessa disponibilidade se encontra na Região Hidrográfica Amazônica e na Região Hidrográfica do Paraná. Segundo a ANA (Brasil, 2005), a formação geológica do local e o regime de chuvas têm influência na vazão média. Comumente, as bacias hidrográficas localizadas em formações sedimentares com ocorrência de chuvas regulares apresentam vazões de estiagem entre 20% e 30% da vazão média, enquanto as bacias hidrográficas localizadas em terrenos cristalinos com regime de chuvas irregular apresentam vazão de estiagem muito baixas.

O Mapa 3.2 representa a média da vazão específica no Brasil. A vazão específica é dada pelo tempo e pela área de contribuição, representada em litros/s/km². As áreas mais escuras são aquelas onde a vazão específica é menor e as áreas mais claras são as com maior vazão específica.

Mapa 3.2 – Vazão específica no Brasil

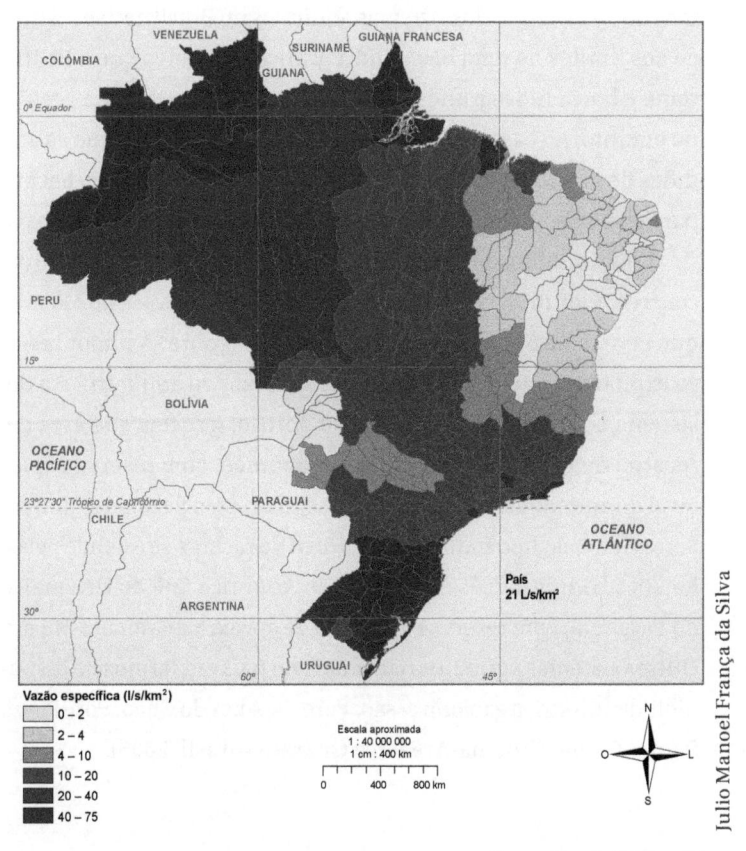

Fonte: Brasil, 2005, p. 24.

Disponibilidade hídrica subterrânea

O Brasil tem um grande potencial para água subterrânea, pois grande parte de seu território (aproximadamente 48%) é constituída por terrenos sedimentares, associados a um regime de chuvas regular (Brasil, 2005). De maneira geral, os terrenos sedimentares têm maior poder de armazenamento de água (Brasil, 2005).

No contexto da gestão de recursos hídricos, é válido ressaltarmos que a extensão dos sistemas aquíferos no Brasil não se restringe aos limites de uma bacia hidrográfica. Sabemos que a PNRH toma a bacia hidrográfica como unidade territorial para gestão, no entanto, no caso da água subterrânea, é necessário que as medidas de gestão sejam feitas de forma integradora entre as bacias, para que haja a adequada proteção dos sistemas aquíferos no país.

A disponibilidade hídrica subterrânea calculada no Brasil é de cerca de 4.100 m³/s. Veja os principais aquíferos do Brasil no Mapa A, que consta na Seção Anexos, ao final desta obra. A maior reserva explotável – aquela que pode ser extraída do aquífero – é a do sistema aquífero Solimões, do tipo poroso, que tem sua área de recarga na Região Hidrográfica Amazônica, com reserva explotável de aproximadamente 895 m³, seguido pelo Sistema Aquífero Serra Geral, do tipo fraturado, cuja área de recarga se estende pelas Regiões Hidrográficas do Paraná, do Atlântico Sul, do Uruguai e do Paraguai, com reserva explotável de aproximadamente 745 m³. Outros sistemas aquíferos relevantes no país em termos de disponibilidade hídrica explotável são: Parecis, Alter do Chão, Poti-Piauí, Bauru-Caiuá, Urucuia-Areado e Guarani (Brasil, 2005).

Saiba mais

Disponibilidade e demanda e outorga de recursos hídricos

O balanço entre disponibilidade e demanda é muito utilizado na outorga de uso dos recursos hídricos, que é um dos instrumentos de gestão. É por meio da outorga que se dá o direito de uso a determinado usuário. De maneira geral, o usuário, que pode ser uma indústria, uma empresa de saneamento ou um proprietário rural, entra com o pedido de outorga ao órgão responsável, que pode ser estadual ou nacional, e cabe à instituição responsável avaliar se há **disponibilidade** para atender à **demanda** do usuário. A outorga também possibilita um controle de informações sobre as retiradas de água de determinada bacia hidrográfica.

A Lei de Águas no Brasil (Lei n. 9.433/1997) define quais usos são sujeitos à outorga (Brasil, 1997):

» derivação ou captação de parcela de água existente em um corpo de água para consumo final, inclusive abastecimento público, ou insumo de processo produtivo;
» extração de água de aquífero subterrâneo para consumo final ou insumo de processo produtivo;
» lançamento em corpo de água de esgotos e demais resíduos líquidos ou gasosos, tratados ou não, com o fim de sua diluição, transporte ou disposição final;
» usos que alterem o regime, a quantidade e a qualidade da água existente em um corpo de água.

Dos usos que independem de outorga, a lei dispõe: satisfação de pequenos núcleos populacionais, distribuídos no meio rural;

derivações, captações e lançamentos considerados insignificantes; e acumulações de volumes de água considerados insignificantes (Brasil, 1997).

Quando pensamos em um uso insignificante, podemos considerar um uso individual, por exemplo, um pequeno açude em uma propriedade rural para atender a uma demanda familiar, ou uma pequena derivação para atender uma comunidade com número reduzido de pessoas. No entanto, mesmo que esses usos não necessitem do documento de outorga, é importante que o usuário informe aos órgãos de gestão de recursos hídricos a derivação de água, para que o órgão possa fazer o adequado balanço entre disponibilidade e demanda na bacia hidrográfica.

3.4.2 Água virtual e pegada hídrica

A cada ano, cerca de 100 mil km^3 de água precipitam no planeta Terra em forma de chuva. Desse montante, pouco mais da metade volta para a atmosfera pela evapotranspiração, o restante flui para rios, lagos e oceano, sendo utilizado por diversas atividades da sociedade. Quando a sociedade retira a vegetação natural de alguma área e substitui por pastagem, agriculturas ou cidades, está modificando o ciclo natural da água e redesignando sua função para atender a suas demandas econômicas (Allan, 2011).

Você já parou para pensar em quanta água consome em um dia? Ao analisar nossas atividades cotidianas, comumente pensamos na água utilizada para consumo direto, como banho, cocção de alimentos, limpeza da casa, entre outros. No entanto, nem todo nosso consumo de água é explícito, por exemplo, qualquer alimento ou produto que compramos precisou de certa quantidade de água para ser produzido. Essa água é chamada de *água virtual*.

O conceito de **água virtual** foi proposto por J. A. Allan. É a água utilizada em qualquer processo de produção agrícola ou industrial, ou seja, a água incorporada a qualquer produto de consumo. A pegada hidrológica, ou **pegada hídrica**, por sua vez, consiste no cálculo da água necessária para a produção de determinado produto, sendo representada pelo volume anual total de água que foi utilizada para produzir determinado bem de consumo. Esse conceito foi introduzido por Hoekstra e Hung (2002) como uma forma de mapear o impacto do consumo no balanço de água doce do planeta (Bleninger; Kotsuka, 2015).

A pegada hídrica de um produto final é, portanto, uma soma da pegada hídrica de cada parte do processo de produção. Por exemplo, para a produção de um par de *jeans*, primeiramente, é necessário matéria-prima, que é o algodão; assim, precisamos considerar quanto algodão é necessário para produzir um par de *jeans* e, então, quanta água é necessária para produzir essa quantidade de algodão. Depois, é preciso fabricar o tecido, realizar o corte e a costura da peça, a lavagem, a secagem – por vezes, o tingimento – e finalmente o transporte. Para calcular a pegada hídrica de uma calça *jeans*, portanto, é preciso somar a pegada hídrica de cada um desses passos de produção. Segundo a organização Water Footprint Network (2018), aproximadamente 8 mil litros de água são usados para a produção de uma calça *jeans*.

A pegada hídrica é dividida em três tipos: verde, azul e cinza. A pegada hídrica verde diz respeito à água proveniente da chuva ou da umidade do solo; a pegada hídrica azul consiste na água superficial ou subterrânea; a pegada hídrica cinza representa a água que foi poluída por algum processo industrial, cuja quantificação é realizada com base na quantidade de água necessária para a diluição de determinado poluente.

Nesse contexto, é interessante também abordar a questão da importação e da exportação da água virtual. Muitas vezes, a matéria para a produção de algum bem de consumo precisa ser importada, ou uma fase de produção precisa ser feita em outro país; em resumo, grande parte dos produtos que consumimos têm em seu processo de produção alguma ligação com a exportação de produtos. Essa ligação representa também uma exportação de água virtual, que está incorporada naquele processo.

3.5 Regiões hidrográficas brasileiras e suas particularidades

Conforme comentamos anteriormente, a gestão de recursos hídricos no Brasil é realizada por bacia hidrográfica, com a finalidade de ser uma gestão descentralizada, que considere as particularidades ambientais, econômicas e sociais de um país tão extenso territorialmente como o Brasil. Nesse contexto, o Conselho Nacional de Recursos Hídricos instituiu, em 2003, a Divisão Hidrográfica Nacional em Regiões Hidrográficas para fins de gestão dos recursos hídricos no país (Brasil, 2005).

Uma região hidrográfica é considerada "o espaço territorial brasileiro compreendido por uma bacia, grupo de bacias ou sub-bacias hidrográficas contíguas com características naturais, sociais e econômicas homogêneas ou similares, com vistas a orientar o planejamento e gerenciamento dos recursos hídricos" (Brasil, 2005, p. 14).

O Mapa 3.3 apresenta os limites das regiões hidrográficas brasileiras. Nos próximos itens, veremos um resumo das condições de cada região, passando por tópicos relevantes, como principais demandas e temas estratégicos de gestão para cada uma[iv].

Mapa 3.3 - Regiões hidrográficas do Brasil

Fonte: Brasil, 2005, p. 14.

---

iv. Grande parte do texto referente às regiões hidrográficas brasileiras foi elaborada com base em documentos publicados pela Agência Nacional de Águas, especialmente "Conjuntura dos recursos hídricos no Brasil: regiões hidrográficas brasileiras – edição especial", publicado em 2015 (Brasil, 2015b).

3.5.1 Região Hidrográfica Amazônica

A Amazônia brasileira é conhecida por abranger a rede hidrográfica mais extensa do mundo. A Bacia Continental Amazônica ocupa uma área de 6,1 milhões de km², estendendo-se por 7 países da América do Sul: Brasil, Peru, Bolívia, Colômbia, Equador, Venezuela e Guiana. A maior parte (63%) está situada no Brasil, com uma área de aproximadamente 3,8 milhões de km², abrangendo os Estados do Acre, do Amazonas, de Rondônia, de Roraima, do Amapá, do Pará e do Mato Grosso, com uma população total de aproximadamente 9,6 milhões de habitantes (IBGE, 2010). As principais cidades localizadas da Região Hidrográfica Amazônica são Manaus (AM), Porto Velho (RO), Macapá (AP), Rio Branco (AC), Boa vista (RR), Santarém (PA), Parauapebas (PA) e Ji-Paraná (RO) (Brasil, 2015b).

Para fins de gerenciamento de recursos hídricos e estratégias de gestão, a ANA separou seis temas de grande relevância no que concerne ao uso múltiplo das águas na Região Hidrográfica Amazônica: hidroeletricidade, navegação, eventos críticos, saneamento ambiental, irrigação, dessedentação animal e desmatamento (Brasil, 2015b).

A maior parte dos aproveitamentos hidrelétricos previstos para a região está sendo implementada e planejada para a Bacia Hidrográfica do Rio Tapajós. A região do Xingu apresenta também bastante destaque nesse setor em virtude da instalação da UHE Belo Monte, já em operação. Segundo Menezes, Bandeira e Leite (2017), a UHE Belo Monte é uma grande usina de derivação, com o maior canal artificial para a geração de energia do mundo, com extensão de 16,2 km. A potência total instalada na usina é de 11.233 MW. Por resolução do Conselho Nacional de Política Energética (CNPE) – Resolução n. 6, de 3 de julho de 2008 (Brasil, 2008) –

na região do Xingu, o potencial hidrelétrico explorado está limitado à Usina Belo Monte, não podendo ser explorado em outra localidade na região.

A questão da navegação está relacionada à hidrovia Tapajós-Teles Pires, que é estratégica, pois caracteriza uma via de escoamento da produção agrícola da Região Centro-Oeste. Segundo Alberti (Brasil, 2016), a hidrovia combinada com a rodovia BR-163 pode potencializar o agronegócio na região, pois possibilita que a produção de grãos do norte e do centro-leste de Mato Grosso e sudoeste do Pará dirija-se diretamente para o exterior pelos portos da calha do Amazonas, sem passar pelo Sudeste do país.

O saneamento ambiental também é um tema de destaque na região do Amazonas, tendo em vista que essa região apresenta um índice baixíssimo de atendimento de saneamento básico, principalmente em relação à coleta de esgoto. A média brasileira de coleta de esgoto doméstico nos municípios é baixa (58,8%), e a média nos municípios da Região Hidrográfica Amazônica é menor do que a nacional (25%) (Brasil, 2015b). Em relação ao abastecimento de água, a média da região (76,5%) também é menor do que a média nacional (93,5%). Esses dados demonstram a necessidade de abordar o saneamento como um dos principais temas na Região Hidrográfica Amazônica.

Desmatamento, irrigação e dessedentação animal são outros temas importantes para a Região Hidrográfica Amazônica. São três temas interligados, uma vez que o desmatamento na Amazônia ocorre em virtude da substituição de áreas de mata nativa por áreas agrícolas de agricultura extensiva e criação extensiva de gado de corte. Desde a década de 1970, a expansão agrícola tem causado o desmatamento, principalmente na região de transição entre o Cerrado e a Floresta Amazônica, área do Alto Tapajós e Alto Xingu. O desmatamento ocorre também de forma acelerada na bacia do Rio Madeira e ao longo do curso do Rio Amazonas (Brasil, 2015b).

Na Seção Anexos, ao final desta obra, o Mapa B apresenta o arco de desmatamento (a) e a demanda de água (b) da Região Hidrográfica Amazônica. As manchas escuras no segundo mapa (b) representam maior demanda de água do que as áreas mais claras. É possível ver claramente que as áreas com maior demanda se encontram na região do arco do desmatamento (a) e próximas ao curso principal do Rio Amazonas.

Saiba mais

Como o desmatamento afeta o regime hidrológico?

Segundo dados do Projeto de Monitoramento do Desflorestamento na Amazônia Legal, foram desmatados aproximadamente 428 mil km² da Amazônia Legal Brasileira entre 1988 e 2017, uma média de 15 mil km² desmatados por ano (CGOBT, 2018).

Ao pensar a natureza como um conjunto integrado de dinâmicas e processos, sabemos que existe uma relação importante entre a cobertura vegetal e o ciclo hidrológico. A vegetação exerce influência na estabilidade de encostas, no aporte de sedimentos e nutrientes nos rios, lagos e reservatórios, na qualidade das águas e na temperatura do ecossistema aquático. Ao retirar a vegetação nativa em um ecossistema, reduz-se a capacidade do solo de reter água, ocasionando o desequilíbrio na disponibilidade hídrica no tempo, no espaço e na qualidade da água; pela perda de solos, pode-se também aumentar a chance de ocorrerem eventos críticos, como inundações (Brasil, 2012).

Outro impacto relevante amplamente estudado consiste no impacto direto do desmatamento no ciclo hidrológico pela alteração da dinâmica pluvial. Na Amazônia, em especial, esse impacto altera a **reciclagem de água**, uma dinâmica que tem forte influência sobre o regime hidrológico na região.

O conceito de reciclagem de água está relacionado ao mecanismo de retroalimentação entre a superfície da Terra e a atmosfera, pois a precipitação em determinado local recebe significativa influência da evapotranspiração desse mesmo local. Estima-se que metade da chuva que ocorre na Amazônia tenha sua origem na dinâmica de evapotranspiração da própria floresta; a outra metade se origina no Oceano Atlântico (Nobre, 1991).

A relação entre o desmatamento e o ciclo hidrológico tem grande variação no tempo e no espaço, ou seja, os processos hidrológicos não respondem de maneira homogênea ao desmatamento em toda a Amazônia. Assim, estudos de caso têm sido publicados abordando a alteração do regime pluviométrico em decorrência do desmatamento em diferentes regiões da Amazônia.

Rosolem (2005) compilou alguns estudos que utilizam modelagem hidrológica para estudar o efeito do desmatamento no clima e no ciclo hidrológico na Amazônia e apontou que a maioria dos estudos de grande escala – ou seja, aqueles que consideram toda a Bacia Amazônica, baseando-se num cenário em que toda a floresta seria desmatada – mostra uma redução da precipitação da ordem de 10% a 20%. Porém, o autor ressalta que os resultados podem variar a depender da escala de análise.

Considerando os movimentos das massas de ar, a umidade produzida na Região Amazônica é de extrema importância para a regulação do clima na América do Sul. Dessa forma, é importante que estudos continuem sendo feitos com o objetivo de compreender melhor como o desmatamento constante da floresta pode afetar o clima e a circulação de água na região.

O uso da água para as atividades agrícolas cresce na proporção da extensão agrícola na Região Hidrográfica Amazônica. Dados de 2010 apontam que 20% da demanda total da água dessa bacia é para a irrigação; para a dessedentação animal, o volume é de 30,5%. Assim, aproximadamente 50% da demanda de água na região é para uso agrícola. A retirada para dessedentação animal na Amazônia é a segunda maior do país, ficando atrás apenas da região da bacia do Paraná (Brasil, 2015b).

Nesse contexto do uso múltiplo das águas, é importante destacar a importância do planejamento de uso dos recursos hídricos. Vimos que as bacias dos Rios Tapajós e Xingu, por exemplo, são palco de diversas atividades que dependem totalmente da água para seu funcionamento. Essas atividades estão relacionadas a complexos sistemas econômicos, sociais e ecológicos que devem ser considerados do ponto de vista político articulador, a fim de garantir e melhorar o acesso à agua em quantidade e qualidade para todas as atividades (incluindo saneamento).

3.5.2 Região Hidrográfica Atlântico Leste

A Região Atlântico Leste é uma região hidrográfica litorânea, com todos os seus rios vertendo para o leste. Seus limites encontram-se majoritariamente dentro do Estado da Bahia, seguido por Minas Gerais, Sergipe e Espirito Santo. A região conta com uma população total de aproximadamente 15 milhões de habitantes, a maior parte habitando em áreas urbanas. As principais cidades dentro dos limites da região são Salvador (BA), Aracaju (SE), Feira de Santana (BA) e Vitória da Conquista (BA) (Mapa 3.4).

Mapa 3.4 – Região Hidrográfica Atlântico Leste

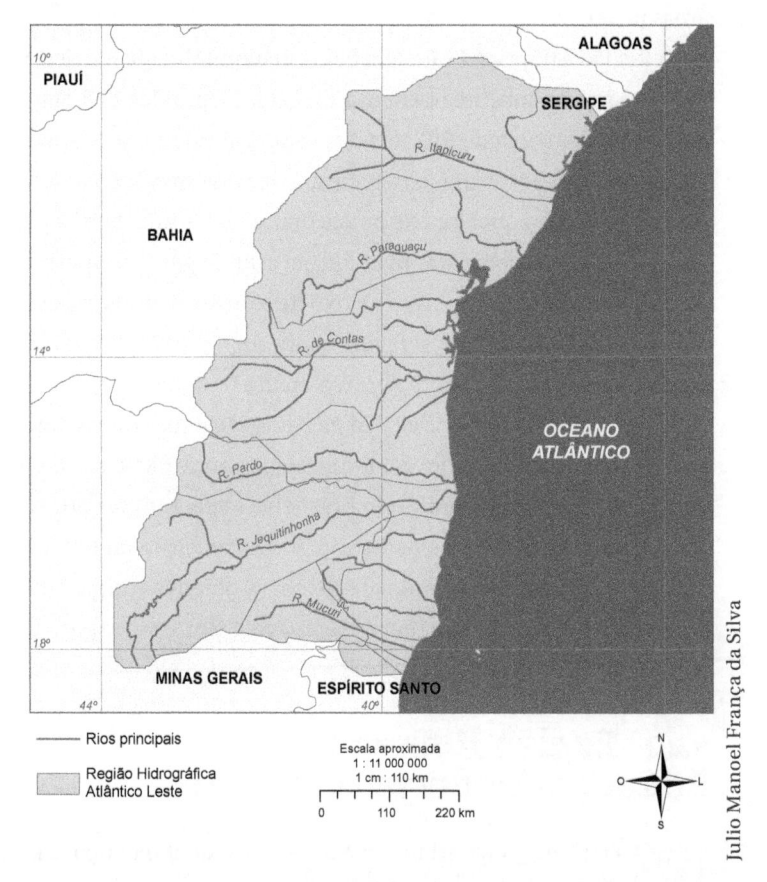

Fonte: Elaborado com base em Projeto..., 2018a.

Nas últimas décadas, houve um aumento de 46% na área irrigada, fazendo com que essa demanda crescesse notavelmente. Atualmente, 47% da demanda hídrica da Região Atlântico Leste é para uso de irrigação, seguida de 31% para o uso humano em áreas urbanas.

A Região Atlântico Leste tem baixa disponibilidade hídrica, o que pode gerar conflitos pelo uso da água. Com relação à qualidade da água, cerca de 51% dos rios estão em estado satisfatório para uso humano; assim, o percentual de rios em estado não satisfatório, isto é, com água de pouca qualidade, é alto. Somado a isso, o fato de a região estar inserida em grande parte no semiárido[v] faz com que haja um risco efetivo de estresse hídrico. Apesar da baixa disponibilidade, a região conta com grande percentual da população atendida com abastecimento de água (96%).

Os principais temas de gestão na bacia são a segurança hídrica e a transposição do Rio São Francisco. Grande parte das cidades que se situam no Semiárido brasileiro são atendidas por sistemas integrados de abastecimento. A transposição do Rio São Francisco soma a esse número de sistemas, objetivando garantir a segurança hídrica da região do Semiárido Nordestino para diferentes usos da água.

3.5.3 Região Hidrográfica Atlântico Nordeste Ocidental

A Região Hidrográfica Atlântico Nordeste Ocidental ocupa uma área de 3% do território brasileiro, estendendo-se pelo Estado do Maranhão e parte do Pará. A população total residente na região é de 6,2 milhões. Dessa população, 61% vive em áreas urbanas, principalmente na região da cidade de São Luís (MA), que é a principal cidade situada nessa região hidrográfica. Além de São Luís, também se destacam no, Estado do Maranhão, as cidades de

---

v. Lembrando que, nesse tipo de clima, há baixa umidade e baixo índice pluviométrico.

Caxias, Codó, Paço do Lumiar, Açailândia e Bacabal. No Estado do Pará, a maior cidade situada dentro da Região Hidrográfica Atlântico Nordeste Ocidental é a cidade de Paragominas (Brasil, 2015b) (Mapa 3.5).

Mapa 3.5 – Região Hidrográfica Atlântico Nordeste Ocidental

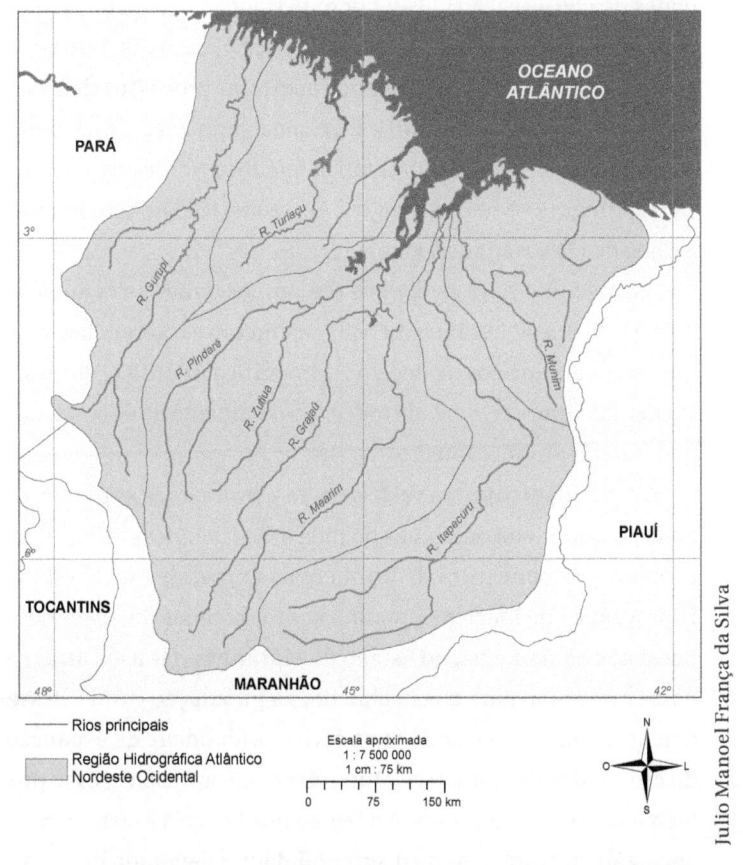

Fonte: Elaborado com base em Projeto..., 2018b.

O uso preponderante da água na região é o consumo humano, que equivale a 48% do uso total na bacia. O setor industrial também é de grande importância nos usos múltiplos da água na região, em virtude da existência do Distrito Industrial de São Luís e da área industrial da Vale e Alumínio do Maranhão – Alumar (Brasil, 2015b).

Segundo documento publicado pela ANA (Brasil, 2015b), na região, há um percentual significativo de terras indígenas e unidades de conservação (28%); por outro lado, o uso da terra mais comum é para a agricultura extensiva de soja e arroz, sem práticas conservacionistas, o que pode acarretar processos de desertificação, contaminação hídrica, erosão e salinização. Os biomas que compõem a Região Hidrográfica Atlântico Nordeste Ocidental são Caatinga (94% remanescente), Amazônia (27% remanescente) e Cerrado (74% remanescente).

Assim como para as demais regiões, os temas selecionados pela ANA (Brasil, 2015b) para o planejamento e o gerenciamento dos recursos hídricos na Região Hidrográfica Atlântico Nordeste Ocidental foram: criticidade hídrica, saneamento ambiental, desmatamento e assoreamento.

A criticidade hídrica relaciona-se a problemas com quantidade ou qualidade das águas de toda a região hidrográfica. Esse problema se concentra de forma mais expressiva na Unidade Hidrográfica de Mearim, próximo aos municípios de Açailândia, Bacabal e Santa Luzia, no Estado do Maranhão. Os usos da água nessa região são para abastecimento da população rural e dessedentação animal, havendo também a possibilidade de expansão de atividades de indústria. Outra área que apresenta esse problema de forma expressiva é a região dos Lençóis Maranhenses, em razão de problemas de disponibilidade e demanda de água.

Na região, apenas 38% do esgoto doméstico é coletado, e, desse montante, 8% passa por tratamento (Brasil, 2015b). Esse fator torna o tema importante na região, pois é necessária a ampliação do sistema de esgotamento sanitário no sentido de evitar a maior contaminação da água, garantindo, assim, a questão do uso múltiplo, com ênfase para o abastecimento humano, a pesca e as atividades turísticas.

O desmatamento na Região Hidrográfica Atlântico Nordeste Ocidental ocorre em maior parte do Bioma Amazônico, em áreas de floresta tropical e próximo ao município de Chapadinha, na bacia do Rio Munim. O desmatamento se dá, majoritariamente, pela chegada da fronteira agrícola na região e pela associação entre desmatamento e uso inadequado da terra para atividades agrícolas. Esses fatores causam problemas como erosão e assoreamento de corpos de água e afetam qualitativamente os recursos hídricos, comprometendo o uso múltiplo das águas.

Até o momento, pudemos notar que a Região Hidrográfica Atlântico Nordeste Ocidental ainda carece de muitas ações para que o gerenciamento de recursos hídricos seja adequado à realidade. Santos e Leal (2013), ao analisarem a situação da gestão da água no Estado do Maranhão, salientam que os instrumentos de gestão de recursos hídricos ainda não foram implantados no estado e que são necessárias estratégias para o desenvolvimento de uma gestão que atenda aos princípios preconizados na PNRH. Como o Estado do Maranhão encontra-se em maior parte na Região Hidrográfica Atlântico Nordeste Ocidental, podemos inferir que uma política estadual consolidada no Maranhão poderia contribuir para melhorar a qualidade da gestão na região como um todo.

3.5.4 Região Hidrográfica Atlântico Nordeste Oriental

A Região Hidrográfica Atlântico Nordeste Oriental ocupa cerca de 4,8% do território nacional, abrangendo os Estados do Piauí, do Ceará, do Rio Grande do Norte, da Paraíba, de Pernambuco e de Alagoas. A população, de acordo com o Censo IBGE (2010), é de aproximadamente 24,1 milhões, com 80% vivendo em áreas urbanas, principalmente em centros urbanos próximos à região do litoral e nas regiões metropolitanas de Fortaleza (CE), Recife (PE), Maceió (AL), Natal (RN) e João Pessoa (PB) (Brasil, 2015b).

Mapa 3.6 – Região Hidrográfica Atlântico Nordeste Oriental

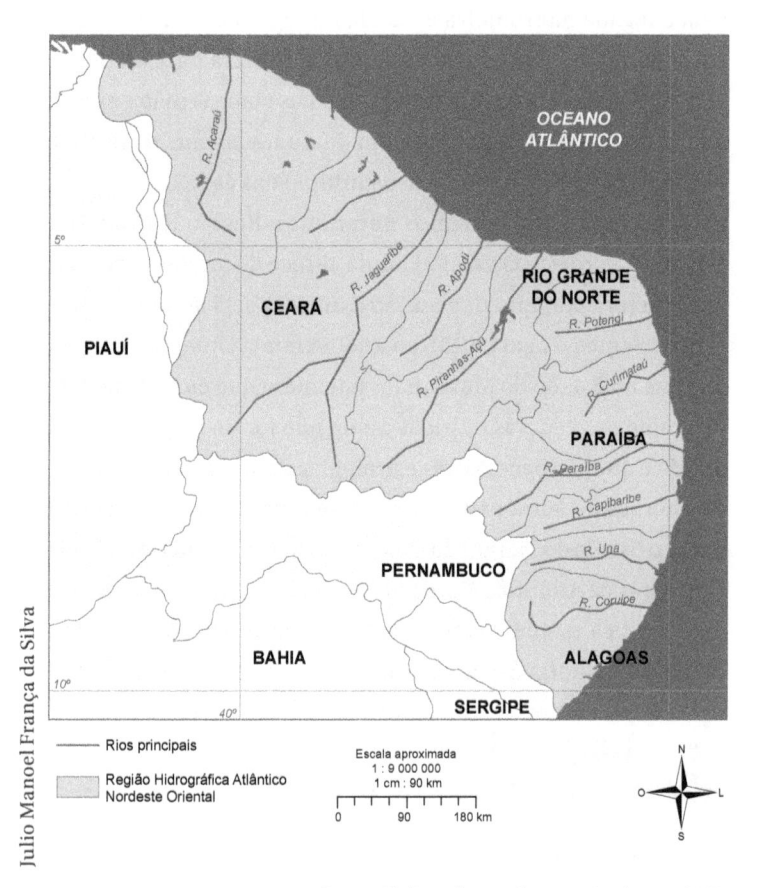

Fonte: Elaborado com base em Projeto..., 2018c.

A bacia está majoritariamente inserida na região do Semiárido Nordestino, característico de pouco volume de precipitação e grandes períodos de estiagem. Alguns dos temas prioritários selecionados pela ANA (Brasil, 2015b) na Região Hidrográfica Atlântico Nordeste Oriental são: baixa oferta hídrica, eventos críticos de seca, desertificação, transposição do Rio São Francisco, infraestrutura hídrica e degradação ambiental no Complexo Lagunar.

Os dois primeiros temas estão interligados, pois os eventos críticos de seca decorrem do regime de chuvas na região do Semiárido brasileiro, que intercala períodos de cheia e de seca, afetando a perenidade dos rios. Esses fatores associados intensificam os problemas de oferta hídrica, resultando em conflitos em relação ao uso da água pelos diferentes setores.

A região apresenta diversos pontos com o problema da desertificação, mas é na região do litoral – que se encontram as menores bacias hidrográficas, com rios de pouca vazão e população em maior número – que o problema é mais intenso, especificamente na região de Irauçuba (CE) e na região de Seridó, entre o Rio Grande do Norte e a Paraíba. De acordo com Landim, Silva e Almeida (2001), o processo de desertificação em Irauçuba é decorrente da influência de fenômenos climáticos como o *El Niño*, que causa a redução no volume das águas em época de ocorrência, e de atividades agrícolas, que causam a degradação do solo.

O lançamento de efluentes domésticos e industriais diretamente em corpos de água na Região Hidrográfica Atlântico Nordeste Oriental pode estar ocasionando problemas relacionados à falta de qualidade identificada em alguns trechos de rio no litoral da região. Com a poluição hídrica, há o risco de eutrofização de lagos e açudes, o que pode ocasionar restrições no uso dos recursos hídricos, causando sérios problemas de abastecimento de água. Todos esses fatores fazem com que a questão da qualidade da água seja um tema que carece de mais atenção na gestão de recursos hídricos na região. Nesse contexto, é válido também salientar a questão da poluição industrial, que ocorre em áreas específicas de indústrias de açúcar e álcool. A poluição pode afetar ainda o aquífero freático, que, na região de Natal (RN), é responsável pelo abastecimento de 70% da população.

O tema da transposição do São Francisco é bastante importante, pois caracteriza a principal obra realizada na região para superar a escassez no abastecimento de água. O Projeto de Integração do Rio São Francisco (PSI) caracteriza-se como a maior entre as diversas obras de integração que são realizadas no Semiárido brasileiro para o abastecimento de água. É válido salientar que obras de grande porte necessitam de um estudo detalhado, que abarque diversas áreas do conhecimento de caráter social, ambiental e econômico para que possam ser viabilizadas e implementadas, visando a uma melhor distribuição dos recursos hídricos na região.

A degradação ambiental que ocorre na região do chamado *Complexo Estuarino-Lagunar Mandaú-Manguaba*, em Alagoas, é outro tema relevante, tendo em vista que caracteriza um conflito pelo uso da água. Esse conflito se dá em razão do desequilibro entre disponibilidade e demanda causado pela poluição e pela degradação ambiental recorrente na área. A degradação ambiental na região está relacionada a fatores como crescimento urbano acelerado, falta de saneamento, atividades industriais com grande potencial poluidor e atividades sucroalcooleiras na região – ou seja, a região é naturalmente um local com baixa disponibilidade hídrica, mas apresenta uma demanda de diversos setores. Em casos como esse, é necessário realizar a gestão integrada, considerando todos os aspectos naturais e de demanda, no sentido de garantir o acesso ao recurso em quantidade e qualidade.

3.5.5 Região Hidrográfica Atlântico Sudeste

Mapa 3.7 - Região Hidrográfica Atlântico Sudeste

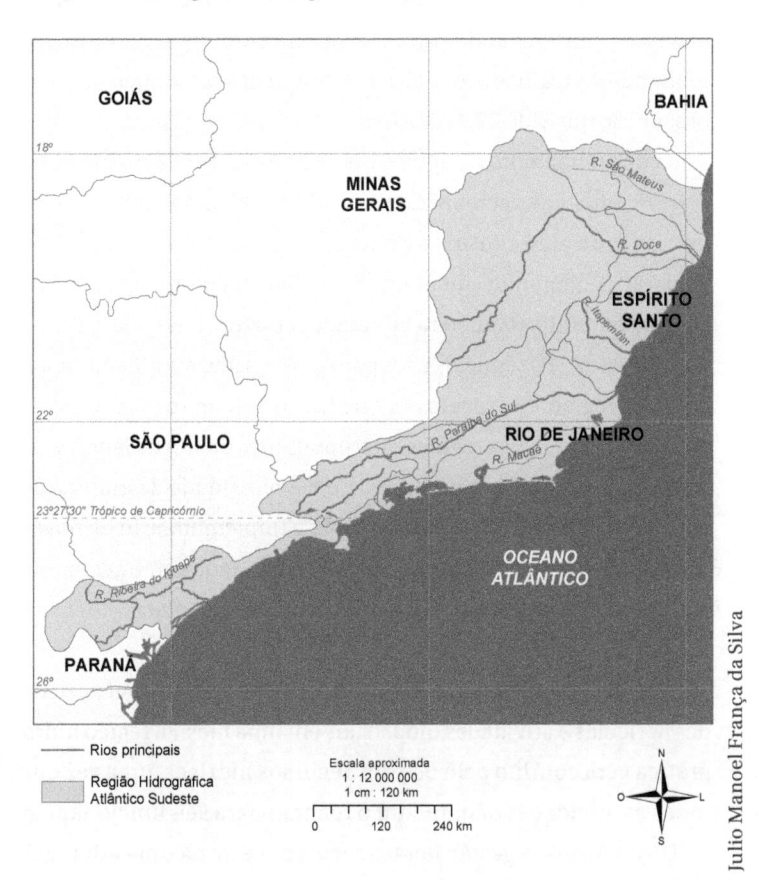

Fonte: Elaborado com base em Projeto..., 2018d.

A Região Hidrográfica Atlântico Sudeste abrange 2,5% da área total do país e cinco estados brasileiros: Minas Gerais, Espírito Santo, Rio de Janeiro, São Paulo e Paraná. As cidades mais populosas na Região Hidrográfica Atlântico Sudeste são: Rio de Janeiro (RJ), Nova Iguaçu (RJ), São José dos Campos (SP), Juiz de Fora (MG), Santos (SP) e Vila Velha (ES). A população total da região hidrográfica, segundo o Censo do IBGE (2010), é de aproximadamente 28 milhões e 236 mil habitantes; 92% da população está em áreas urbanas, configurando uma densidade demográfica de aproximadamente 131 hab/km², número seis vezes maior que a média brasileira, que é de 22,4 hab/km².

O abastecimento de água é um tema relevante em virtude do contingente populacional que vive na região. Essa população demanda água para consumo e para suas atividades, incluindo a industrial. A demanda calculada para abastecimento urbano é de 49% da demanda total; para atividade industrial, essa demanda é de 43%, caracterizando os usos consuntivos que mais demandam água na região. Em locais em que há crescimento constante da população, como nas regiões metropolitanas do Rio de Janeiro, de Vitória e na baixada Santista, existe a necessidade de ampliação do sistema de abastecimento de água e implementação de novos mananciais. A questão do abastecimento de água geralmente vem acompanhada do esgoto doméstico e industrial, que também necessita de crescente ampliação.

A existência de um grande contingente populacional, atividades agrícolas e atividades industriais em uma mesma região hidrográfica gera conflito pelo uso dos recursos hídricos, uma vez que todas as atividades demandam o recurso para seu funcionamento. Dessa forma, a gestão desses recursos se torna uma atividade de grande complexidade, e a falta de um gerenciamento adequado faz com que haja degradação e perda de qualidade das águas.

Na região Atlântico Sudeste, as ameaças à qualidade da água ocorrem pela falta de esgotamento sanitário em áreas de grande densidade populacional, pela poluição industrial, pela perda de cobertura vegetal e pela poluição difusa causada por atividades industriais e pela densa urbanização.

Conforme vimos nos capítulos anteriores, as bacias hidrográficas que compõem uma região hidrográfica são integradas e funcionam como um sistema aberto para o fluxo de água. Isso significa que a poluição industrial e a alteração química da água causada pela falta de saneamento podem gerar um problema de saúde pública, principalmente quando há o uso múltiplo das águas mal gerenciado em uma bacia hidrográfica de manancial. Na região Atlântico Sudeste, estima-se que 20% dos trechos de rio federais inseridos na região estejam em estado crítico de qualidade, o que representa um percentual preocupante.

Outra preocupação que diz respeito à gestão dos recursos hídricos na região é a recorrência de eventos críticos como alagamentos, inundações e deslizamento de terras em áreas urbanas. Os eventos críticos causam prejuízos sociais e materiais. Segundo a ANA (Brasil, 2015b), em 2013, a região Atlântico Sudeste foi a que mais apresentou municípios (11%) em situação de emergência em consequência de alagamentos e inundações.

3.5.6 Região Hidrográfica Atlântico Sul

A região Atlântico Sul ocupa 2,2% do território brasileiro, abrangendo parte dos Estados do Paraná, de Santa Catarina, de São Paulo e do Rio Grande do Sul, tendo como principais cidades Florianópolis (SC) e Porto Alegre (RS) (Mapa 3.8). A região tem grande contingente populacional, aproximadamente 12 milhões e 976 mil habitantes, 87% concentrados em áreas urbanas. A região Atlântico Sul destaca-se pela população numerosa e pelo desenvolvimento econômico com atividades agrícolas e industriais.

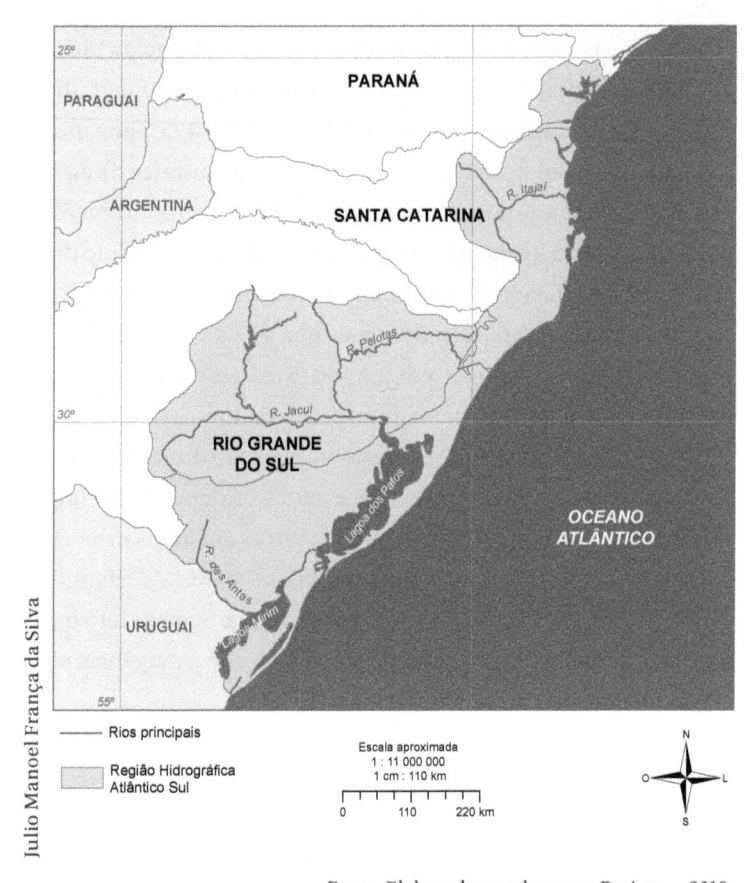

Mapa 3.8 – Região Hidrográfica Atlântico Sul

Fonte: Elaborado com base em Projeto..., 2018e.

    As atividades agrícolas, principalmente relacionadas à criação de suínos na região de Vale do Itajaí, em Santa Catarina, nas bacias do Rio Pardo e do Rio Taquari, são um tema de grande relevância para a gestão dos recursos hídricos nessa região hidrográfica, pois os efluentes gerados pela suinocultura resultam na degradação e na poluição de corpos hídricos, inclusive em mananciais de abastecimento. Por vezes, a quantidade de efluentes gerados pela suinocultura ultrapassou aquela gerada pelas populações urbanas, o que demonstra a gravidade da situação e a necessidade de medidas paliativas que viabilizem a atividade – a qual tem grande importância no setor econômico – de maneira menos danosa ao meio ambiente e aos corpos hídricos, por exemplo, por meio do tratamento adequado dos efluentes.

A questão do lançamento de efluentes domésticos e industriais nos corpos hídricos em áreas urbanas também configura um problema nessa região hidrográfica, inclusive nos mesmos locais onde há problemas relacionados ao lançamento de efluentes da prática de suinocultura (vale do Itajaí) e na região do Rio Guaíba, no Rio Grande do Sul.

Também no Rio Grande do Sul, outro tema prioritário na gestão dos recursos hídricos é a alta demanda por irrigação, principalmente na região da Lagoa dos Patos, Lagoa Mirim e Rio Guaíba. A demanda por irrigação na região Atlântico Sul é a maior em relação à demanda total, avaliada em 66% no ano de 2012. Podemos perceber que a região metropolitana de Porto Alegre se encontra em situação de conflito pelo uso da água, pois, ao mesmo tempo que apresenta problemas qualitativos em relação ao lançamento de efluentes e poluição hídrica, também apresenta grande demanda por irrigação, caracterizando um ponto estratégico para ações de gerenciamento que possibilitem o uso múltiplo das águas e sua garantia qualitativa e quantitativa. Vale ressaltarmos que a segunda maior demanda é a da indústria (19%).

3.5.7 Região Hidrográfica do Paraguai

A Região Hidrográfica do Paraguai abrange parte dos Estados do Mato Grosso e Mato Grosso do Sul e se divide em duas unidades principais: Pantanal e Planalto do Paraguai. No Planalto do Paraguai estão as principais cidades: Cuiabá (MT), Várzea Grande (MT), Rondonópolis (MT) e Aquidauana (MS) (Mapa 3.9). A cidade de Campo Grande, capital do Estado do Mato Grosso do Sul, não está dentro dos limites da Região Hidrográfica do Paraguai; no entanto, pela proximidade, a influencia socioeconomicamente. A população total nessa região é de 2,16 milhões de habitantes, com 87% vivendo nas áreas urbanas.

O Pantanal é um bioma bastante importante no Brasil e parte dele está dentro dos limites dessa região hidrográfica, o que certamente é um tópico especial para a gestão dos recursos hídricos no local. O Pantanal configura a maior área úmida contínua do planeta, sendo um importante reservatório de água, responsável em grande parte pela vazão do Rio Paraguai.

Na região, a principal atividade econômica é a agropecuária. Para a expansão da atividade, houve a substituição de áreas de mata nativa por áreas de pastagem e cultivo de soja e milho tanto na região do Pantanal como no Planalto do Paraguai. Na região no Pantanal, no entanto, a agricultura extensiva encontra dificuldades em se difundir em virtude das condições naturais de inundação. A existência de agropecuária gera vários impactos, que são tema de grande relevância para a gestão ambiental e para a gestão de recursos hídricos na região. Um dos problemas que pode ser causado pela substituição de mata nativa por pastagem é a erosão. Além da perda de fertilidade dos solos, por exemplo, o transporte e a deposição dos sedimentos erodidos também configuram um risco ao equilíbrio ambiental, especialmente quando acelerados por atividades antrópicas. Juntamente com os sedimentos, há o transporte de contaminantes, como fertilizantes e agrotóxicos, que correm com o fluxo natural dos rios (no sentido do Planalto do Paraguai para o Pantanal) e se depositam nas planícies de inundação do Pantanal, causando o assoreamento dos corpos hídricos e a contaminação da água, bem como gerando um grande impacto para a biodiversidade local.

Mapa 3.9 - Região Hidrográfica do Paraguai

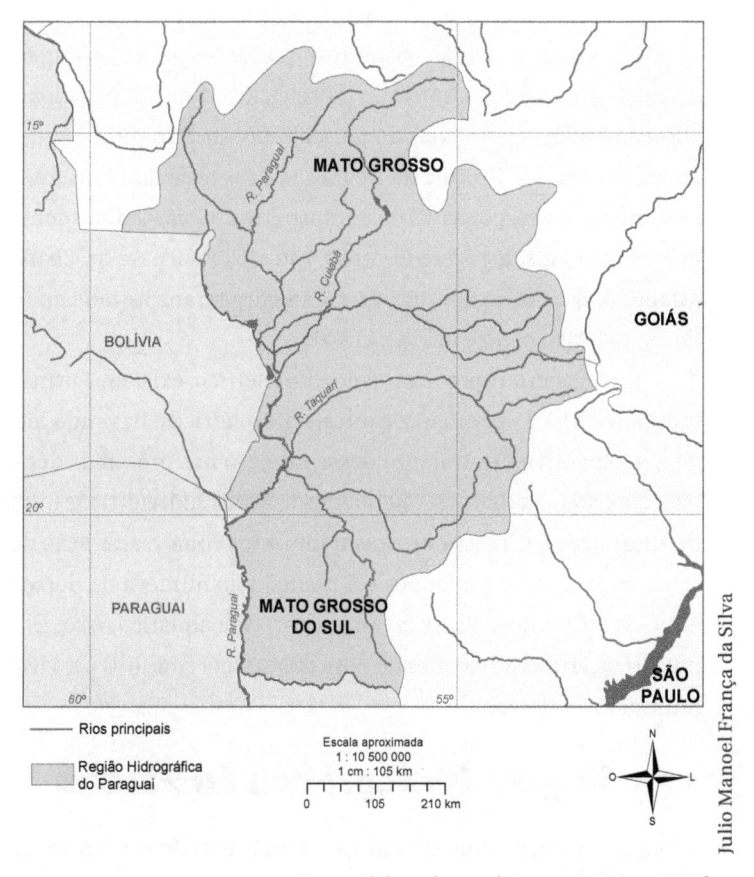

Fonte: Elaborado com base em Projeto..., 2018f.

A poluição hídrica, além de ser decorrente de insumos agrícolas, também é causada pelo lançamento de esgoto doméstico, que, como vimos, até o momento, é um problema recorrente em várias regiões hidrográficas. Na região do Paraguai, esse problema concentra-se majoritariamente nas proximidades do município de Cuiabá (MT), onde não há o tratamento do esgoto que é lançado nos rios. Assim, o monitoramento de parâmetros de qualidade da água é uma prioridade na gestão dos recursos hídricos nas áreas urbanas da Região Hidrográfica do Paraguai.

Outros dois temas são bastante importantes para essa região: a navegação e o aproveitamento hidrelétrico. Uma das principais vias comerciais navegáveis do país, a hidrovia Paraná-Paraguai, passa dentro dos limites da Região Hidrográfica do Paraguai. Essa hidrovia é responsável pelo transporte de *commodities* como grãos e minerais da região Centro-Oeste do Brasil para o Oceano Atlântico. Estima-se que 20% de toda a carga transportada no interior do Brasil ocorre nessa hidrovia.

Com relação ao aproveitamento hidrelétrico, existem 7 usinas hidrelétricas e 25 pequenas centrais hidrelétricas, havendo ainda a perspectiva de aumento desse número nas próximas décadas. A existência de várias pequenas centrais hidrelétricas num mesmo curso de água pode causar impactos como a alteração do fluxo natural de inundações e a redução no número de peixes. Além de trazer desequilíbrio ao ecossistema aquático, isso gera precarização das atividades de pesca e acarreta conflitos pelo uso múltiplo das águas.

3.5.8 Região Hidrográfica do Paraná

A Região Hidrográfica do Paraná ocupa 10% do território nacional, abrangendo parte dos Estados de São Paulo, do Paraná, de Minas Gerais, de Goiás, de Santa Catarina e o Distrito Federal (Mapa 3.10). A população total na Região Hidrográfica do Paraná é de 61,3 milhões de habitantes (IBGE, 2010), com 93% vivendo em áreas urbanas. A região é densamente ocupada, com uma média de 69,7 hab/km² – três vezes maior que a média nacional.

Mapa 3.10 – Região Hidrográfica do Paraná

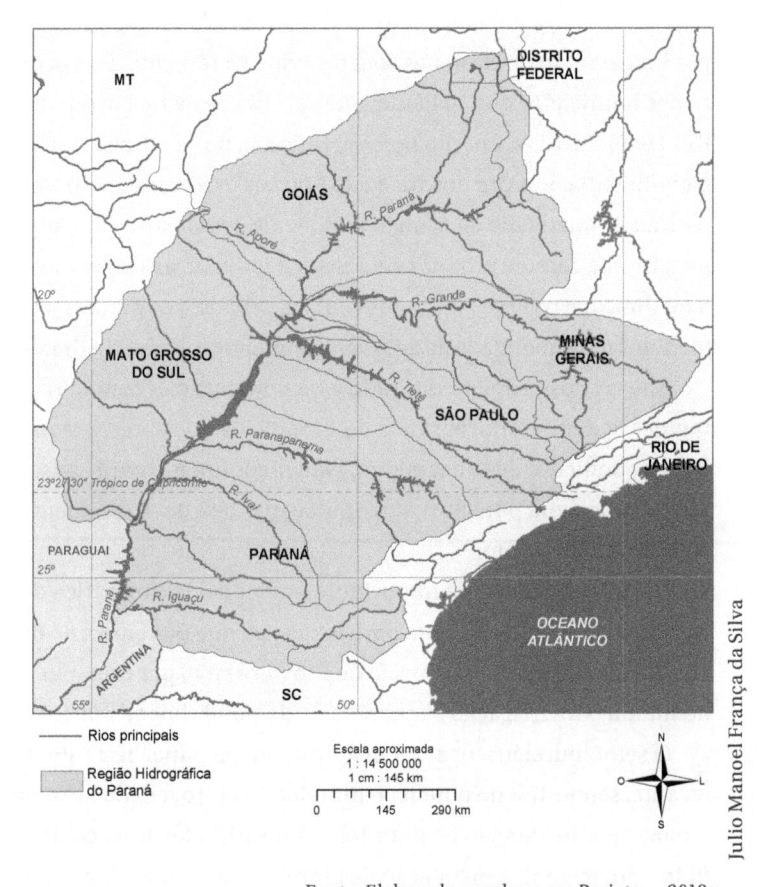

Fonte: Elaborado com base em Projeto..., 2018g.

Os fatores de ocupação e densidade populacional tendem a sobrecarregar a demanda por recursos hídricos. É o que ocorre na Região Hidrográfica do Paraná. A demanda para usos consuntivos e não consuntivos conta com abastecimento da população urbana e rural, indústria, irrigação, navegação e geração de energia. O conflito pelo uso é um dos temas estratégicos de gestão na região.

Outra preocupação é com a qualidade das águas para consumo humano. A densa ocupação urbana em bacias de cabeceira na região configura um alto risco de contaminação dos mananciais por lançamento de efluentes sem o devido tratamento. Isso ocorre nos municípios de São Paulo, que se localiza na região do Alto Rio Tietê, Curitiba, no Alto Iguaçu, Goiânia, no Alto Rio dos Bois e em Brasília, no Alto dos Rios São Marcos e Corumbá. O baixo padrão de qualidade da água nesses locais demonstra o impacto negativo de centros urbanos em áreas de mananciais; no entanto, à medida que o rio se afasta dos centros urbanos, os parâmetros medidos para qualidade da água apresentam resultados melhores.

Apesar dos problemas citados, na comparação com outras regiões, a Região Hidrográfica do Paraná é a que apresenta melhores condições de saneamento, com atendimento para abastecimento de água para 98% da população e 70% de atendimento para coleta do esgoto.

Outro tema bastante importante na Região Hidrográfica do Paraná é a demanda de água para irrigação, que fica em torno de 42% da demanda total. Na bacia do Rio Parnaíba, por exemplo, a demanda para irrigação é maior que a disponibilidade hídrica.

O setor hidrelétrico também apresenta um papel bastante relevante, sendo 47% do potencial hidrelétrico aproveitado de todo o país, com instalação de grandes usinas hidrelétricas, como a Itaipu Binacional. A instalação de hidrelétricas demanda grande infraestrutura e gera uma série de impactos, principalmente para o ecossistema aquático, pois, com os barramentos e os desvios dos canais, interfere-se na dinâmica natural da fauna aquática. A criação de reservatórios também influencia na dinâmica natural do transporte de sedimentos, podendo ter como consequências o assoreamento e a eutrofização dos reservatórios.

3.5.9 Região Hidrográfica do Parnaíba

A Região Hidrográfica do Parnaíba ocupa 3,9% do território nacional, abrangendo parte dos Estados do Ceará, do Piauí e do Maranhão. Algumas das principais cidades localizadas dentro dos limites dessa região são Teresina (PI), Parnaíba (PI), Balsas (MA) e Crateús (CE). A população total da região é de 4,15 milhões de habitantes, com 65% vivendo em áreas urbanas, principalmente em Teresina, localizada no Médio Parnaíba.

Na região, a demanda por irrigação é de 73% seguida do uso para abastecimento urbano (13%). A região do Parnaíba, especialmente o Médio e o Baixo Parnaíba, onde se localiza a maior parte da população urbana, está parcialmente inserida no Semiárido Nordestino, local que naturalmente apresenta baixa quantidade de água. A alta demanda por irrigação ocorre na região do Baixo Parnaíba, nos municípios de Tianguá (CE), Coelho Neto (MA) e Ubajara (CE). Nas proximidades desses municípios, assim como em toda região do baixo Parnaíba, existem bacias que apresentam criticidade qualitativa e quantitativa da água. Isso se dá pelo conflito de uso e pela baixa disponibilidade hídrica natural, fatores que exigem um gerenciamento adequado das condições da região.

Assim como na maioria das regiões hidrográficas brasileiras, a falta do tratamento de esgoto é um fator condicionante da má qualidade da água verificada em algumas bacias hidrográficas e trechos de rios. A Região Hidrográfica do Parnaíba apresenta um índice de 18% de coleta de esgoto, o mais baixo entre as regiões brasileiras. 98% do esgoto coletado é tratado, porém, a quantidade coletada é muito baixa, e por isso os impactos ambientais ainda são significativos. As proximidades de Teresina (PI), onde está localizado o maior contingente populacional, apresentam os maiores problemas qualitativos relacionados à falta de coleta do esgoto doméstico.

Mapa 3.11 – Região Hidrográfica do Parnaíba

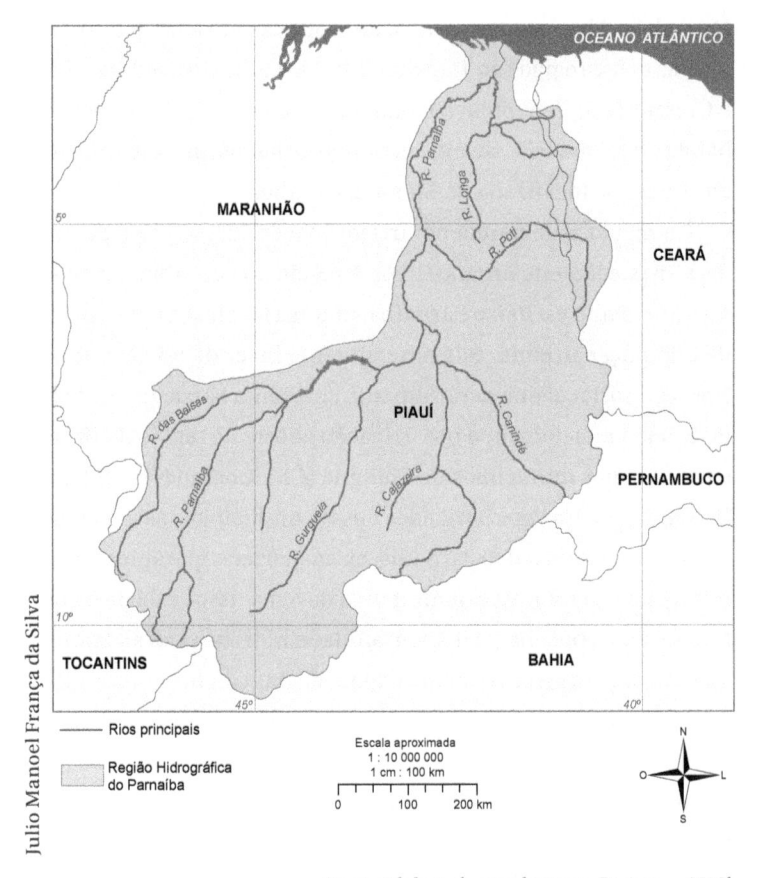

Fonte: Elaborado com base em Projeto..., 2018h.

Alguns dos temas principais e estratégicos na Região Hidrográfica do Parnaíba são a baixa oferta hídrica, o abastecimento urbano e os eventos críticos de seca. A precipitação média anual na bacia é de aproximadamente 1.060 mm, menor do que a média nacional de aproximadamente 1.700 mm. Isso interfere na disponibilidade hídrica natural na região. Esse fator, associado à alta demanda para irrigação, à demanda para abastecimento urbano e à degradação dos corpos hídricos decorrente da falta de coleta de esgoto, gera uma situação crítica de disponibilidade hídrica, especialmente no Médio e no Baixo Parnaíba.

Por outro lado, apesar da criticidade na disponibilidade hídrica superficial, a bacia do Rio Parnaíba é formada majoritariamente por bacias sedimentares com grande potencial aquífero. Cerca de 73% dos municípios da região do Alto e Médio Parnaíba fazem uso de poços para abastecimento. Com isso, é de suma importância um avanço no sistema de saneamento para que não haja o risco de contaminação dos aquíferos, que representam uma importante fonte de água para a população dessa região hidrográfica.

3.5.10 Região Hidrográfica do São Francisco

A Região Hidrográfica do São Francisco ocupa 7,5% do território nacional e abrange parte dos Estados da Bahia, de Minas Gerais, de Pernambuco, de Alagoas, de Sergipe, de Goiás e o Distrito Federal. 58% da região está inserida no Semiárido brasileiro. A população total da região é de 14,3 milhões de habitantes, segundo o Censo de 2010 (IBGE, 2010), e 77% habita em áreas urbanas. Desse contingente, mais da metade está localizada na região do Alto São Francisco, onde está localizada a Região Metropolitana de Belo Horizonte (MG). Além de Belo Horizonte, outros municípios importantes na Região Hidrográfica do São Francisco são Petrolina (PE), Juazeiro (PE), Barreiras (BA) e Penedo (AL) (Mapa 3.12).

Mapa 3.12 – Região Hidrográfica do São Francisco

Fonte: Elaborado com base em Projeto..., 2018i.

A maior demanda de retirada de água nessa região é a irrigação (77% do total), seguida do abastecimento urbano (11%) e industrial (7%). A Região Hidrográfica do São Francisco sofre com uma baixa oferta hídrica, especialmente nas localidades inseridas no Semiárido. Associado a isso, existe também o conflito pelo uso da água entre os setores de irrigação e a demanda para uso humano.

A questão da qualidade da água interfere no balanço qualitativo e no quantitativo e, assim como em outras regiões hidrográficas, a falta de tratamento de esgoto doméstico gera a contaminação dos mananciais. Isso ocorre especialmente na Região Metropolitana de Belo Horizonte, onde a densidade populacional é mais alta e há maior demanda para abastecimento e para o lançamento de efluentes. Um dos problemas de qualidade nessa localidade consiste no excesso de fósforo e sólidos totais na água, que pode causar a mortalidade de peixes e gerar dificuldade da navegação.

A navegação da Região Hidrográfica do São Francisco é, majoritariamente, para o transporte de soja, milho e minerais. A carga de sedimentos do Rio São Francisco representa um problema para a hidrovia, pois causa o assoreamento de alguns trechos do canal, podendo inviabilizar a navegação, principalmente em épocas de estiagem. Quando o fluxo de sedimentos é acompanhado por nutrientes e contaminantes advindos de esgoto doméstico ou industrial, pode ocorrer a eutrofização dos reservatórios onde os sedimentos se depositam.

Nesse contexto, o aproveitamento hidrelétrico também é afetado, pois a eutrofização dos reservatórios dificulta o uso da água para geração de energia e também para outros usos que ocorrem em conjunto nas usinas e pequenas centrais hidrelétricas, por exemplo, a pesca e a recreação. Na Região do São Francisco, o potencial hidrelétrico aproveitado equivale a 15% do total nacional, caracterizando uma atividade social e economicamente relevante, destacando-se as hidrelétricas de Xingó e Sobradinho.

3.5.11 Região Hidrográfica Tocantins-Araguaia

A Região Hidrográfica Tocantins-Araguaia ocupa aproximadamente 10% do território nacional, abrange parte dos Estados de Goiás, do Tocantins, do Pará, do Maranhão, do Mato Grosso e uma pequena parte do Distrito Federal. Alguns dos principais municípios dentro dos limites dessa região são Belém (PA), Ananindeua (PA), Barra do Garça (MT) e Primavera do Leste (MT). A população total da região é de aproximadamente 8,6 milhões de habitantes; desse total, 76% habitam em áreas urbanas.

A região tem grandes trechos de rios navegáveis, porém, o aproveitamento hidrelétrico sem a existência de eclusas[vi] acaba por impedir que algumas rotas potenciais sejam utilizadas.

Sobre as demandas hídricas, assim como na maioria das regiões hidrográficas brasileiras, conforme vimos até aqui, a maior é a de irrigação de culturas agrícolas: 62% da demanda de água. Essas áreas cresceram majoritariamente nos municípios de Formoso do Araguaia, Lagoa da Confusão e Pium, no Estado do Tocantins (Brasil, 2015b).

Outro setor de produção que tem bastante destaque nessa região é a mineração. Cerca de 50% da produção de ouro do país vem dali, além de grande parte da produção de outros minérios, como amianto, cobre, níquel, bauxita, ferro e prata. A mineração é um tipo de atividade que pode causar grandes impactos sobre o meio ambiente e sobre os recursos hídricos, por isso é importante que seja um tema estratégico de gestão na região, recebendo atenção especial dos órgãos responsáveis pelo gerenciamento da água.

[vi] Obras que permitem que embarcações subam ou desçam desníveis em canais fluviais.

Mapa 3.13 - Região Hidrográfica Tocantins-Araguaia

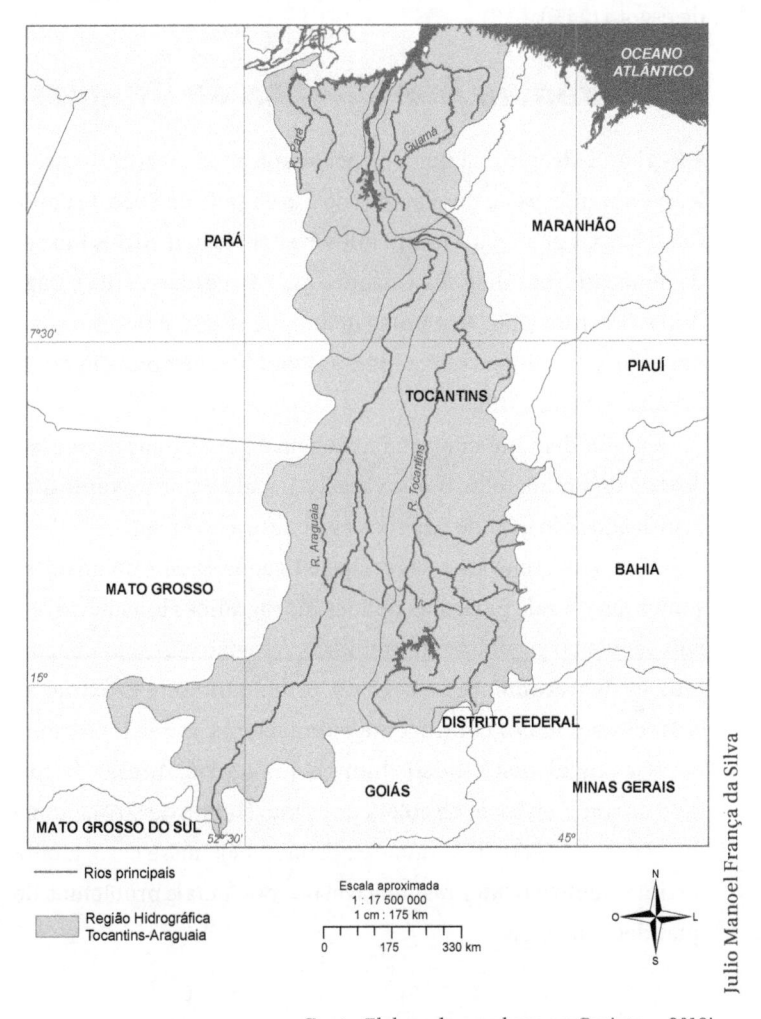

Fonte: Elaborado com base em Projeto..., 2018j.

Outro tema importante para a gestão dos recursos hídricos no local é o saneamento ambiental, considerando que o índice de atendimento de abastecimento de água é o mais baixo entre todas as regiões (68%), tendo um índice baixo também da coleta de esgoto (24%).

3.5.12 Região Hidrográfica do Uruguai

A Região Hidrográfica do Uruguai ocupa 3% do território brasileiro e abrange parte dos Estados do Rio Grande do Sul e de Santa Catarina. Os principais municípios existentes dentro dos limites da região hidrográfica são Chapecó (SC), Uruguaiana (RS), Bagé (RS) e Erechim (RS). A população total da região é de aproximadamente 6,2 milhões de habitantes, com 61% vivendo em áreas urbanas (IBGE, 2010).

A maior demanda de água na região é para irrigação, somando 82% demanda total, o que caracteriza um valor bastante alto, justificado pelo grande papel da agricultura no local.

Outro tema relevante na região do Uruguai, assim como observamos em grande parte das regiões hidrográficas brasileiras, é a deficiência no esgotamento sanitário. A região apresenta baixos índices de tratamento de esgotos, principalmente próximo às cidades com maior contingente populacional, o que representa um risco na disponibilidade hídrica qualitativa. Apesar de contar com um bom nível de coleta de esgoto (acima de 80%), pouco desse esgoto coletado é tratado (apenas 24%); nesse caso, a falta de tratamento é o fator responsável por potenciais problemas de qualidade da água.

Mapa 3.14 – Região Hidrográfica do Uruguai

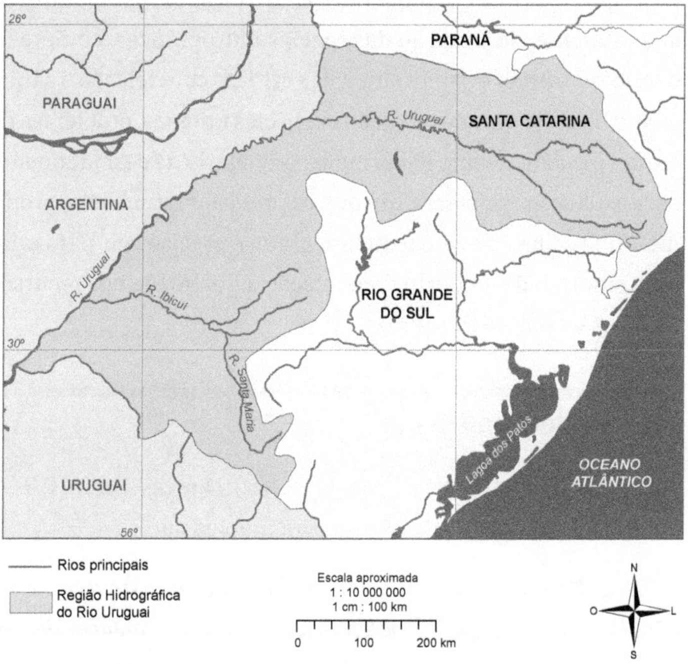

Julio Manoel França da Silva

Fonte: Elaborado com base em Projeto..., 2018k.

Síntese

No início deste capítulo, abordamos a necessidade do uso racional da água, da importância do bom gerenciamento de recursos naturais em nosso planeta. Com a introdução de conteúdos a respeito da gestão dos recursos hídricos, pudemos perceber que os princípios que a regem são voltados a um desenvolvimento sustentável, objetivando um equilíbrio no uso da água, para que haja a garantia de água em qualidade e quantidade para as gerações atual e futura. Conforme vamos avançando no assunto, adentrando as questões de demanda hídrica, uso da água, usos múltiplos e, finalmente, da situação das regiões hidrográficas, compreendemos que ainda existem situações críticas com relação a saneamento básico, casos de poluição em bacias urbanas, problemas de erosão e assoreamento decorrentes do cenário de desmatamento para expansão agrícola, entre outros problemas. Com isso, propomos uma reflexão sobre o quanto ainda é preciso agir para criar uma situação de conforto com relação à qualidade dos recursos hídricos em nosso território.

Indicações culturais

A LEI da Água (Novo Código Florestal). Direção: André D'Elia. Brasil: O2 PLay, 2015. 78 min. Documentário.

Esse filme aborda a importância das florestas para a conservação da água no Brasil, problematizando a consequência da mudança do Código Florestal aprovada em 2012 nos ecossistemas florestais e no cotidiano da sociedade.

LA SOIF du Monde = UM MUNDO sedento. Direção: Thierry Piantanida e Baptiste Rouget-Luchaire. França, 2012. 90 min. Documentário.

O documentário trata de assuntos relacionados ao consumo de água em todo o mundo, trazendo informações em números e imagens sobre a situação da água no planeta e a relação de algumas comunidades com esse recurso natural.

Atividades de autoavaliação

1. Considere o exemplo a seguir:
   Uma bacia hidrográfica é responsável pelo abastecimento da Cidade A e da Área Rural A (pontos 1, 2, 3 e 4). A cidade utiliza a água para abastecimento da população (ponto 1) e para lançamento de efluentes domésticos (ponto 2). Existe ainda uma nova demanda de água, decorrente da instalação de uma indústria entre a área rural e a cidade. A nova demanda da indústria se refere ao ponto 5 para lançamento de efluentes potencialmente poluidores e captação de água no ponto 6 para o processamento industrial.

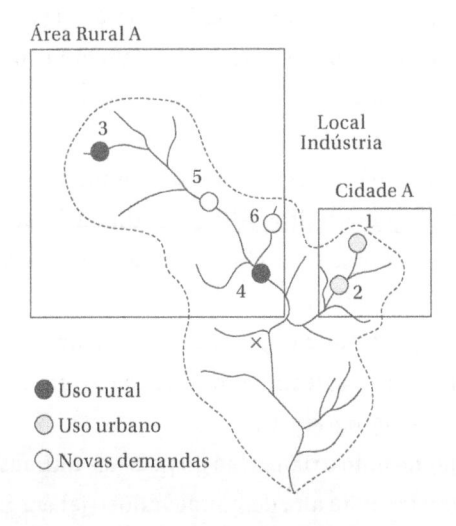

   Com base em seus conhecimentos sobre o uso múltiplo das águas, analise as afirmações a seguir.
   I. A captação de água pela indústria não afeta os outros usos da bacia, pois ela está localizada próximo a uma nascente.
   II. O lançamento de efluentes da indústria pode inviabilizar o uso da água para irrigação, pois pode contaminar a água.

III. A captação da água por parte da indústria pode criar um conflito pelo uso da água, porque diminuiu a disponibilidade hídrica para irrigação.

IV. A instalação da indústria pode criar um déficit hídrico quantitativo e qualitativo na bacia.

Agora, assinale as afirmativas corretas:

a) Apenas I e II.
b) Apenas I, II e III.
c) Apenas II, III e IV.
d) Apenas II e IV.

2. A demanda hídrica consiste na água necessária para o desenvolvimento de atividades variadas, como irrigação, uso industrial e uso humano. Considerando seus conhecimentos sobre as demandas hídricas nas diferentes regiões hidrográficas do Brasil, assinale a alternativa correta:

a) A irrigação representa a maior demanda em grande parte das regiões hidrográficas brasileiras, isso se deve, em parte, ao grande crescimento de área irrigada no país nas últimas décadas.

b) Devido à grande população urbana no Brasil, o uso da água para abastecimento urbano é o maior em todas as regiões hidrográficas.

c) A grande industrialização do país nas últimas décadas resultou em uma alta demanda industrial em grande parte das regiões hidrográficas

d) Por ter grandes extensões de áreas rurais, o Brasil apresenta como maior demanda hídrica a água para abastecimento da população rural.

3. Sobre a Política de Recursos Hídricos no Brasil, é correto afirmar:
   I. A gestão de recursos hídricos deve ser participativa e descentralizada.
   II. O objetivo principal da regulamentação dos recursos hídricos é garantir água em qualidade e quantidade para as gerações atual e futura.
   III. A outorga de recursos hídricos é um princípio dessa política.
   IV. A bacia hidrográfica é a unidade territorial da gestão de recursos hídricos.

   Estão corretas apenas nas afirmativas:
   a) I e IV.
   b) I, II e II.
   c) I, III e IV.
   d) I e II.

4. São princípios da gestão de recursos hídricos:
   I. Universalização do acesso aos recursos hídricos.
   II. Gestão descentralizada e participativa por bacia hidrográfica.
   III. Sistematização e disponibilização das informações sobre recursos hídricos.
   IV. Planejamento integrado, sistemático e abrangente do uso dos recursos hídricos.

   Estão corretas:
   a) apenas as afirmativas I, II e III.
   b) apenas as afirmativas I e IV.
   c) apenas as afirmativas I, II e IV.
   d) as afirmativas I, II, III e IV.

5. Considerando seus conhecimentos sobre o Sistema de Gerenciamento de Recursos Hídricos no Brasil, associe as instituições a suas respectivas funções:
   1. Conselhos de Recursos Hídricos.
   2. Comitês de bacias.
   3. Órgãos estaduais de recursos hídricos.
   4. Agência Nacional de Águas (ANA).

   ( ) Responsável por subsidiar a formulação da Política de Recursos Hídricos e promover a articulação entre as esferas nacional e estadual.
   ( ) Implementação do Sistema Nacional de Recursos Hídricos, outorga e fiscalização e uso dos recursos hídricos de domínio da União.
   ( ) Responsável pela outorga e pela fiscalização do uso de recursos hídricos de domínio estadual.
   ( ) Responsável pelas decisões sobre o Plano de Recursos Hídricos, em aspectos relacionados à qualidade, à quantidade e à cobrança do uso da água.

   Assinale a alternativa que indica a sequência correta:
   a) 1, 2, 3, 4.
   b) 2, 4, 3, 1.
   c) 1, 4, 3, 2.
   d) 1, 3, 2, 1.

Atividades de aprendizagem

Questões para reflexão

1. Atente para a frase a seguir:
   "A gestão descentralizada dos recursos hídricos pretende legitimar a participação da sociedade nas decisões que concernem a esse bem de domínio público" (Simplício, 2014).

Com base em seus conhecimentos sobre gestão dos recursos hídricos, explique a importância da gestão participativa e descentralizada no Brasil.

2. Escolha uma região hidrográfica brasileira e relacione os principais temas estratégicos de gestão e as demandas às principais atividades econômicas na região, fazendo uma crítica com relação aos aspectos positivos e negativos do uso múltiplo das águas na região escolhida.

Atividade aplicada: prática

1. Atente para a informação a seguir:

> Os artigos 6º e 7º da Lei nº 9.433/1997, que cria o Sistema Nacional de Gerenciamento de Recursos Hídricos, estabelece que os Planos de Recursos Hídricos são diretores e de longo prazo e visam a fundamentar e orientar a implementação da Política Nacional de Recursos Hídricos e o gerenciamento dos recursos hídricos com horizonte de planejamento compatível com o período de implantação de seus programas e projetos. (Brasil, 2018a)

Procure na internet por um plano de recursos hídricos e liste seus principais pontos, como características da bacia hidrográfica, situação dos recursos hídricos na bacia, objetivos do plano e ações estratégicas de gestão.

Considerações finais

Iniciamos esta obra abordando as bacias hidrográficas, que são a unidade de paisagem mais usual na hidrologia para ciências ambientais. Apresentamos seu conceito, considerações sobre a resposta hidrológica e algumas ferramentas de análise. Em seguida, abordamos os principais processos do ciclo hidrológico, como ocorrem e a forma como são medidos e modelados, finalizando com o conceito de balanço hídrico. Por fim, estudamos os aspectos legais e estruturais da gestão dos recursos hídricos no Brasil. Com base nesse conteúdo, podemos fazer as seguintes considerações:

» A bacia hidrográfica é uma unidade de paisagem utilizada para pesquisas hidrológicas e geográficas, além de ser uma unidade territorial de gestão dos recursos hídricos.
» A resposta hidrológica em uma bacia é dependente de fatores como localização, relevo, clima, vegetação, uso e ocupação da terra.
» A análise morfológica de uma bacia permite identificar fatores relacionados a sua forma física que podem influenciar no ciclo hidrológico e na resposta hidrológica.
» A hidrologia é uma ciência que estuda o movimento da água na superfície terrestre e tem como principal objeto de estudo o ciclo hidrológico.
» Os processos hidrológicos que fazem parte do ciclo hidrológico são: precipitação, interceptação, infiltração, escoamento e evapotranspiração.
» No sentido de compreender melhor os processos hidrológicos, a hidrologia utiliza dois métodos principais: o monitoramento e a modelagem.

- » O monitoramento é realizado para conhecer a realidade e as tendências de cada processo hidrológico, enquanto a modelagem representa o processo matematicamente, possibilitando a influência de diferentes variáveis no ciclo hidrológico.
- » A gestão de recursos hídricos no Brasil se desenvolveu de maneira mais efetiva no final da década de 1990, com a criação da Lei das Águas (Lei n. 9.433/1997).
- » A Lei de Águas tem como princípio a gestão participativa e descentralizada dos recursos hídricos no sentido de garantir o uso múltiplo da água.
- » É importante, para a gestão de recursos hídricos, o conhecimento das diferentes realidades das regiões hidrográficas brasileiras, pois assim as ações são planejadas de acordo com os temas relevantes em cada região.

Tendo em vista que a geografia é uma ciência que aborda as dinâmicas da relação entre homem e natureza, é importante estudar hidrologia sempre sob uma perspectiva sistêmica, ou seja, considerando tanto os elementos naturais como as ações antrópicas, que influenciam e são influenciadas pelo ciclo da água no planeta. Nesse sentido, a organização desta obra foi pensada para possibilitar a compreensão dessa relação, trazendo temas importantes ao estudo da geografia.

Glossário

» **Altimetria**: representação do relevo em metros, podendo ser representado por curvas de nível.
» **Barramento**: intervenção no curso natural de um rio com o objetivo de criar um reservatório.
» **Canais tributários**: canais de drenagem que fluem para outros canais; também podem ser chamados *afluentes*.
» **Canal fluvial ou canal de drenagem**: curso de água perene, intermitente ou efêmero.
» **Condensação**: passagem da água do estado de vapor para o estado líquido.
» **Confluência**: ângulo formado no encontro de dois rios.
» **Curva de nível**: linhas equidistantes que representam a altimetria em uma área.
» **Direção de fluxo**: direção para a qual ocorre o fluxo de água em decorrência do relevo e da gravidade.
» **Efluente**: resíduo líquido que pode ter sua fonte em áreas urbanas ou rurais ou em indústrias.
» **Equação de base física**: equação baseada em leis da física.
» **Equação empírica**: equação baseada em experimentos.
» **Estômato das plantas**: parte da planta responsável por sua transpiração.
» **Estresse hídrico**: situação de falta de água ou em que a demanda é maior do que a disponibilidade hídrica.
» **Exutório**: localizado em baixas altitudes, é o ponto para onde convergem os escoamentos em uma bacia hidrográfica; é o ponto de saída de água em uma bacia hidrográfica.
» **Foz**: local de desembocadura de um rio em outro canal ou no oceano.

- **Geoprocessamento**: "conjunto de técnicas computacionais que opera sobre bases de dados georreferenciados" (Silva, 2001, p. 12-13).
- **Impermeável**: estrutura que não permite a entrada de água.
- **Jusante**: local referencial em uma bacia hidrográfica relativo à visão do observador, do ponto mais alto para o ponto mais baixo. Ex.: a foz de um rio está a jusante de sua nascente.
- **Montante**: local referencial em uma bacia hidrográfica relativo à visão do observador, do ponto mais baixo para o ponto mais alto. Ex.: a nascente de um rio está localizada a montante de sua foz.
- **Permeável**: estrutura que permite a entrada de água.
- **Ponto cotado**: ponto localizado geograficamente que tem informação de altitude, representando a altimetria em uma área.
- **Semiárido**: tipo de clima com volume de precipitação reduzido.
- **Sistema de informações geográficas**: é um sistema computacional que possibilita o armazenamento e o tratamento de dados geoespaciais.
- **Vertente**: face do relevo pela qual ocorre o escoamento.

Referências

AGUASPARANÁ – Instituto das Águas do Paraná. Disponível em: <http://www.aguasparana.pr.gov.br/modules/conteudo/conteudo.php?conteudo=79>. Acesso em: 11 maio 2018.

ALLAN, J. A. The Role of Those who Produce Food and Trade it in Using and 'Trading' Embedded Water: What are the Impacts and who Benefits? **Value of Water Research Report Series**, n. 54, p. 31-52. Delft: Unesco-IHE, 2011.

ALVES SOBRINHO, T. et al. Delimitação automática de bacias hidrográficas utilizando dados SRTM. **Engenharia Agrícola**, Jaboticabal, v. 30, n. 1, p. 46-57, jan./fev. 2010. Disponível em: <http://www.scielo.br/pdf/eagri/v30n1/a05v30n1>. Acesso em: 27 abr. 2018.

ANA – Agência Nacional de Águas. **Cobrança pelo uso de recursos hídricos.** Disponível em: <http://www2.ana.gov.br/Paginas/servicos/cobrancaearrecadacao/cobrancaearrecadacao.aspx>. Acesso em: 21 maio 2018.

ARNOLD, J. G. et al. SWAT: Model Use, Calibration and Validation. **Transactions of the American Society of Agricultural and Biological Engineers**, v. 55, n. 4, p. 1491-1508, 2012.

ATTANASIO, C. M. **Planos de manejo integrado de microbacias hidrográficas com uso agrícola**: uma abordagem hidrológica na busca da sustentabilidade. 206 f. Tese (Doutorado em Recursos Florestais) – Universidade de São Paulo, Piracicaba, 2004. Disponível em: <http://www.teses.usp.br/teses/disponiveis/11/11150/tde-03012005-155512/pt-br.php>. Acesso em: 21 maio 2018.

AZEVEDO, L. G. T. et al. Sistemas de suporte à decisão para a outorga de direitos de uso da água no Brasil: uma análise da situação brasileira em alguns estados. **Bahia Análise & Dados**, Salvador, n. 13, p. 481-496, 2003. Disponível em: <http://www.bvsde.paho.org/bvsacd/cd17/suportdec.pdf>. Acesso em: 21 maio 2018.

BARROS, L. F. de P. et al. Níveis e sequências deposicionais fluviais cenozoicos no Vale do Rio Maracujá, Quadrilátero Ferrífero, Ouro Preto/MG. ENCONTRO LATINO AMERICANO DE GEOMORFOLOGIA, 2.; SIMPÓSIO NACIONAL DE GEOMORFOLOGIA, 7., 2008, Belo Horizonte. **Anais**... Belo Horizonte: Tec Art, 2008.

BECKER, A. Runoff Processes in Mountain Headwater Catchments: Recent Understanding and Research Challenges. In: HUBER, U. M.; BURGMANN, H. K. M.; REASONER, M. A. (Ed.). **Global Change and Mountain Regions**. Dordrecht: Springer, 2005. p. 283-295.

BERTONI, J. C.; TUCCI, C. E. M. Precipitação. In: TUCCI, C. E. M. (Org.). **Hidrologia**: ciência e aplicação. 4. ed. Porto Alegre: UFRGS/ABRH, 2012. p. 177-241.

BETSON, R. P. What is Watershed Runoff? **Journal of Geophysical Research**, v. 69, n. 8, p. 1541-1552, Apr. 1964.

BLENINGER, T.; KOTSUKA, L. K. Conceitos de água virtual e pegada hídrica: estudo de caso da soja e óleo de soja no Brasil. **Recursos Hídricos**, Associação Portuguesa dos Recursos Hídricos, v. 36, n. 1, p. 15-24, maio 2015. Disponível em: <http://www.aprh.pt/rh/pdf/rh36_n1-2.pdf>. Acesso em: 16 fev. 2018.

BORGHETTI, N. R. B.; BORGHETTI, J. R.; ROSA FILHO, E. F. da. **Aquífero Guarani**: a verdadeira integração dos países do Mercosul. Curitiba: Ed. dos Autores, 2004.

BORDAS, M. P.; SEMMELMANN, F. R. Elementos de engenharia de sedimentos. In: TUCCI, C. E. M. (Org.). **Hidrologia**: ciência e aplicação. 4. ed. Porto Alegre: UFRGS/ABRH, 2012. p. 915-943.

BRASIL. DNIT – Departamento Nacional de Infraestrutura de Transportes. **Hidrovia do Tapajós**. 29 jun. 2016. Disponível em: <http://www.dnit.gov.br/hidrovias/hidrovias-interiores/hidrovia-do-tapajos>. Acesso em: 11 maio 2018.

BRASIL. Lei n. 9.433, de 8 de janeiro de 1997. **Diário Oficial da União**, Poder Legislativo, Brasília, DF, 9 jan. 1997. Disponível em: <http://www.planalto.gov.br/ccivil_03/leis/L9433.htm>. Acesso em: 11 maio 2018.

BRASIL. Lei n. 9.984, de 17 de julho de 2000. **Diário Oficial da União**, Poder Legislativo, Brasília, DF, 18 jul. 2000. Disponível em: <http://www.planalto.gov.br/ccivil_03/Leis/l9984.htm>. Acesso em: 21 maio 2018.

BRASIL. Ministério de Minas e Energia. Gabinete do Ministro. Conselho Nacional de Política Energética. Resolução CNPE n. 6, de 3 de julho de 2008. **Diário Oficial da União**, Brasília, DF, 17 jul. 2008. Disponível em: <http://www.mme.gov.br/documents/10584/1139153/Resolucao_6.pdf/b2d587c0-844f-4128-8e92-f9da23b56b6d>. Acesso em: 21 maio 2018.

BRASIL. Ministério do Meio Ambiente. ANA – Agência Nacional de Águas. **O comitê de bacia hidrográfica**: o que é e o que faz? Brasília: SAG, 2011. (Cadernos de Capacitação em Recursos Hídricos, v. 1). Disponível em: <http://arquivos.ana.gov.br/institucional/sge/CEDOC/Catalogo/2012/CadernosDeCapacitacao1.pdf>. Acesso em: 21 maio 2018.

BRASIL. Ministério do Meio Ambiente. ANA – Agência Nacional de Águas. **Cobrança pelo uso de recursos hídricos**. jun. 2017a. Disponível em: <http://www2.ana.gov.br/Paginas/servicos/cobrancaearrecadacao/cobrancaearrecadacao.aspx>. Acesso em: 11 maio 2018.

BRASIL. Ministério do Meio Ambiente. ANA – Agência Nacional de Águas. **Conjuntura dos recursos hídricos no Brasil**: informe 2012. Ed. Especial. Brasília: ANA, 2012. Disponível em: <http://bibspi.planejamento.gov.br/handle/iditem/429>. Acesso em: 21 maio 2018.

BRASIL. Ministério do Meio Ambiente. ANA – Agência Nacional de Águas. **Conjuntura dos recursos hídricos no Brasil**: informe 2013. Brasília: ANA, 2013. Disponível em: <http://arquivos.ana.gov.br/institucional/spr/conjuntura/webSite_relatorioConjuntura/projeto/index.html>. Acesso em: 21 maio 2018.

BRASIL. Ministério do Meio Ambiente. ANA – Agência Nacional de Águas. **Conjuntura dos recursos hídricos**: informe 2015. Brasília: ANA, 2015a. Disponível em: <http://www3.snirh.gov.br/portal/snirh/centrais-de-conteudos/conjuntura-dos-recursos-hidricos/conjuntura_informe_2015.pdf>. Acesso em: 21 maio 2018.

BRASIL. Ministério do Meio Ambiente. ANA – Agência Nacional de Águas. **Conjuntura dos recursos hídricos no Brasil**: regiões hidrográficas brasileiras – edição especial. Brasília: ANA, 2015b. Disponível em: <http://www3.snirh.gov.br/portal/snirh/centrais-de-conteudos/conjuntura-dos-recursos-hidricos/regioes hidrograficas2014.pdf>. Acesso em: 15 jun. 2018.

BRASIL. Ministério do Meio Ambiente. ANA – Agência Nacional de Águas. **Conjuntura dos recursos hídricos no Brasil 2017**: relatório pleno. Brasília: ANA, 2017b. Disponível em: <http://www3.snirh.gov.br/portal/snirh/centrais-de-conteudos/conjuntura-dos-recursos-hidricos/conj2017_rel.pdf>. Acesso em: 21 maio 2018.

BRASIL. Ministério do Meio Ambiente. ANA – Agência Nacional de Águas.

Disponibilidade e demandas de recursos hídricos no Brasil. Cadernos de Recursos Hídricos. 2005. Disponível em: <http://arquivos.ana.gov.br/planejamento/planos/pnrh/VF%20DisponibilidadeDemanda.pdf>. Acesso em: 31 mar. 2018.

BRASIL. Ministério do Meio Ambiente. ANA – Agência Nacional de Águas. **Planos de recursos hídricos**. Disponível em: <http://www2.ana.gov.br/Paginas/servicos/planejamento/planoderecursos/PlanosdeRecursos.aspx>. Acesso em: 11 maio 2018a.

BRASIL. Ministério do Meio Ambiente. **Sistema Nacional de Gerenciamento de Recursos Hídricos**. Disponível em: <http://www.mma.gov.br/agua/recursos-hidricos/sistema-nacional-de-gerenciamento-de-recursos-hidricos>. Acesso em: 11 maio 2018b.

BRAVO, J. V. M.; SANTIL, F. L. de P. Avaliação da variação dos índices morfométricos de informações extraídas de cartas topográficas e implicações para a leitura do risco a enchentes. **Revista Brasileira de Cartografia**, v. 5, n. 65/5, p. 939-949, set./out. 2013. Disponível em: <http://www.lsie.unb.br/rbc/index.php/rbc/article/view/718/626>. Acesso em: 21 maio 2018.

BRUTSAERT, W. **Hydrology**: an Introduction. Cambridge: Cambridge University Press, 2005.

CARVALHO, N. de O. **Hidrossedimentologia prática**. 2. ed. Rio de Janeiro: Interciência, 2008.

CAUDURO, F. A.; DORFMAN, R. **Manual de ensaios de laboratório e de campo para irrigação e drenagem**. Porto Alegre: Proni/IPH-UFRGS, 1990.

CGOBT – Coordenação-Geral de Observação da Terra. **Prodes**: monitoramento da Floresta Amazônica brasileira por satélite. Disponível em: <http://www.obt.inpe.br/OBT/assuntos/programas/amazonia/prodes>. Acesso em: 14 jun. 2018.

CHEVALLIER, P. Aquisição e processamento de dados. In: TUCCI, C. E. M. (Org.). **Hidrologia**: ciência e aplicação. 4. ed. Porto Alegre: UFRGS/ABRH, 2012. p. 500-507.

CHORLEY, R. J. The Hillslope Hydrological Cycle. In: KIRKBY, M. J. (Ed.). **Hillslope Hydrology**. Chichester: J. Wiley, 1978. p. 1-42.

CHOW, V. T.; MAIDMENT, D. R.; MAYS, L. W. **Applied Hydrology**. New Delhi: McGraw-Hill Education, 1988.

CHRISTOFOLETTI, A. **Geomorfologia**. 2. ed. São Paulo: Edgar Blücher, 1980.

COLLISCHONN, W.; DORNELLES, F. **Hidrologia para engenharia e ciências ambientais**. Porto Alegre: ABRH, 2013.

CORRÊA, M. de A.; TEIXEIRA, B. A. do N. Princípios específicos de sustentabilidade na gestão de recursos hídricos por bacias hidrográficas. In: ENCONTRO DA ASSOCIAÇÃO NACIONAL DE PÓS-GRADUAÇÃO E PESQUISA EM AMBIENTE E SOCIEDADE - ANPPAS, 3., 2006, Brasília. **Anais**... Brasília: Anppas, 2006. Disponível em: <http://www.anppas.org.br/encontro_anual/encontro3/arquivos/TA312-09032006-163231.PDF>. Acesso em: 21 maio 2018.

CRUZ, J. C.; TUCCI, C. E. M. Estimativa da disponibilidade hídrica através da curva de permanência. **RBRH - Revista Brasileira de Recursos Hídricos**, v. 13, p. 111-124, 2008. Disponível em: <https://www.abrh.org.br/SGCv3/index.php?PUB=1&ID=15&SUMARIO=174>. Acesso em: 21 maio 2018.

DUNNE, T.; BLACK, R. D. An Experimental Investigation of Runoff Production in Permeable Soils. **Water Resources Research**, v. 6, n. 2, p. 478-490, Apr. 1970a.

DUNNE, T.; BLACK, R. D. Partial Area Contributions to Storm Runoff in a Small New England Watershed. **Water Resources Research**, v. 6, n. 5, p. 1296-1311, Oct. 1970b.

ELLISON, W. D. Soil Erosion by Rainstorms. **Science**, Washington, v. 111, p. 245-249, Mar. 1950.

FAUSTINO, J. **Planificación y gestión de manejo de cuencas**. Turrialba: Catie, 1996.

FREITAS, M. de; RANGEL, D.; DUTRA, L. Gestão dos recursos hídricos no Brasil: a experiência da Agência Nacional das Águas. In: ENCUENTRO DE LAS AGUAS, 3., 2001, Santiago.

GALVÃO, W. S.; MENESES, P. R. Avaliação dos sistemas de classificação e codificação das bacias hidrográficas brasileiras para fins de planejamento de redes hidrométricas. In: SIMPÓSIO BRASILEIRO DE SENSORIAMENTO REMOTO, 12., 2005, Goiânia. **Anais**... Goiânia: Inpe, 2005. p. 2511-2518. Disponível em: <http://marte.sid.inpe.br/attachment.cgi/ltid.inpe.br/sbsr/2004/11.21.01.26/doc/2511.pdf>. Acesso em: 22 maio 2018.

GIGLIO, J. N.; KOBIYAMA, M. Interceptação da chuva: uma revisão com ênfase no monitoramento em florestas brasileiras. **RBRH - Revista Brasileira de Recursos Hídricos**, v. 18, n. 2, p. 297-317, abr./jun. 2013. Disponível em: <https://www.abrh.org.br/SGCv3/index.php?

PUB=1&ID=98&SUMARIO=1567>. Acesso em: 21 maio 2018.

GOMIG, K.; LINDNER, E. A.; KOBIYAMA, M. Áreas de influência das estações pluviométricas na bacia rio do Peixe/SC pelo método de polígonos de Thiessen utilizando imagem de satélite e SIG. In: SIMPÓSIO BRASILEIRO DE SENSORIAMENTO REMOTO, 13., 2007, Florianópolis. **Anais...** Florianópolis: Inpe, 2007. p. 3373-3380. Disponível em: <http://marte.sid.inpe.br/rep/dpi.inpe.br/sbsr@80/2006/11.14.20.10?mirror=dpi.inpe.br/banon/2003/12.10.19.30.54&metadatarepository=dpi.inpe.br/sbsr@80/2006/11.14.20.10.29>. Acesso em: 21 maio 2018.

HOEKSTRA, A. Y.; HUNG, P. Q. Virtual Water Trade: a Quantification of Virtual Water Flows between Nations in Relation to International Crop Trade. **Value of Water Research Report Series**, n. 11, Unesco-IHE, Delft, 2002.

HORTON, R. E. Erosional Development of Streams and their Drainage Basins; Hydrophysical Approach to Quantitative Morphology. **Bulletin of the Geological Society of America**, v. 56, n. 3, p. 275-370, Mar. 1945.

HORTON, R. E. The Role of infiltration in the Hydrologic Cycle. **Transactions, American Geophysical Union**, v. 14, n. 1, p. 446-460, Jun. 1933.

HOUSTON, J.; HARTLEY, A. J. The Central Andean West-Slope Rainshadow and its Potential Contribution to the Origin of Hyper-Aridity in the Atacama Desert. **International Journal of Climatology**, v. 23, n. 12, p. 1453-1464, Oct. 2003. Disponível em: <https://rmets.onlinelibrary.wiley.com/doi/epdf/10.1002/joc.938>. Acesso em: 21 maio 2018.

HOWARD, A. D. Drainage Analysis in Geologic Interpretation: a Summation. **Bulletin American Association of Petroleum Geologists**, Tulsa, v. 51, n. 11, p. 2246-2259, Jan. 1967.

IBGE – Instituto Brasileiro de Geografia e Estatística. **Censo demográfico 2010**. 2010. Disponível em: <http://www.ibge.gov.br/home/estatistica/populacao/censo2010/default.shtm>. Acesso em: 11 maio 2018.

LANDIM, R. B. T. V.; SILVA, D. F. da; ALMEIDA, H. R. R. de C. Desertificação em Irauçuba (CE): investigação de possíveis causas climáticas e antrópicas. **Revista Brasileira de Geografia Física**, Recife, v. 4, n. 1, p. 1-21, 2011. Disponível em: <https://periodicos.ufpe.br/revistas/rbgfe/article/view/232681/26693>. Acesso em: 21 maio 2018.

LANNA, A. E. Gestão dos recursos hídricos. In: TUCCI, C. E. M. (Org.). **Hidrologia**: ciência e aplicação. 4. ed. Porto Alegre: UFRGS/ABRH, 2012. p. 727-768.

LE BISSONNAIS, Y. Experimental Study and Modelling of Soil Surface Crusting Processes. **Catena**, Supplement, v. 17, p. 13-28, Jan. 1990.

LEPSCH, I. F. **19 lições de pedologia**. São Paulo: Oficina de Textos, 2011.

LEPSCH, I. F. **Formação e conservação dos solos**. São Paulo: Oficina de Textos, 2002.

MELTON, M. A. An Analysis of the Relations among Elements of Climate, Surface Properties, and Geomorphology. **Technical Report**, n. 11, Department of Geology, Columbia University, New York, 1957.

MENEZES, J. B. de; BANDEIRA, O. M.; LEITE, D. T. A construção do complexo hidrelétrico de Belo Monte: quarta maior do mundo em capacidade instalada. **Revista Brasileira de Engenharia de Barragens**, Rio de Janeiro, ano 4, n. 4, p. 5-21, maio 2017. Disponível em: <http://norteenergiasa.com.br/site/wp-content/uploads/2017/05/RBEB-BeloMonteFinal-web.pdf>. Acesso em: 11 maio 2018.

MERTEN, G. H.; MINELLA, J. P. Qualidade da água em bacias hidrográficas rurais: um desafio atual para a sobrevivência futura. **Agroecologia e Desenvolvimento Rural Sustentável**, Porto Alegre, v. 3, n. 4, p. 33-38, out./dez. 2002.

MILLER, V. C. A Quantitative Geomorphic Study of Drainage Basins Characteristics in the Clinch Mountain Area, Virginia and Tennessee. **Technical Report**, n. 3, Department of Geology, Columbia University, New York, Sept. 1953.

MORGAN, R. P. C. **Soil Erosion and Conservation**. 3. ed. Malden: Wiley-Blackwell, 2005.

MOSCA, A. A. de O. **Caracterização hidrológica de duas microbacias visando a identificação de indicadores hidrológicos para o monitoramento ambiental de manejo de florestas plantadas**. 120 f. Dissertação (Mestrado em Recursos Florestais) – Universidade de São Paulo, Piracicaba, 2003. Disponível em: <http://www.teses.usp.br/teses/disponiveis/11/11150/tde-20082003-170146/en.php>. Acesso em: 21 maio 2018.

MULHOLLAND, P. J. Hydrometric and Stream Chemistry Evidence of Three Storm Flowpaths in Walker Branch Watershed. **Journal of Hydrology**, v. 151, p. 291-316, Nov. 1993.

NOBRE, C. A. Desmatamentos na Amazônia e

Mudanças Climáticas. In: INTERNATIONAL CONGRESS OF THE BRAZILIAN GEOPHYSICAL SOCIETY. 2., 1991.

OLIVEIRA, L. L. de et al. Precipitação efetiva e interceptação em Caxiuanã, na Amazônia Oriental. **Acta Amazonica**, Manaus, v. 38, n. 4, p. 723-732, dez. 2008. Disponível em: <http://www.scielo.br/pdf/aa/v38n4/v38n4a16.pdf>. Acesso em: 21 maio 2018.

POMPEU, C. T. **Direito de águas no Brasil**. São Paulo: Revista dos Tribunais, 2006.

PORTO, R. L. L.; ZAHED FILHO, K.; MARCELLINI, S. S. Escoamento superficial. In: USP – Universidade de São Paulo. Escola Politécnica. Departamento de Engenharia Hidráulica e Sanitária. **Hidrologia aplicada**. Disponível em: <http://www.pha.poli.usp.br/LeArq.aspx?id_arq=7813>. Acesso em: 11 maio 2018.

PROJETO Brasil das Águas. **Região Hidrográfica Atlântico Leste**. Disponível em: <http://brasildasaguas.com.br/educacional/regioes-hidrograficas/regiao-hidrografica-atlantico-leste/#prettyphoto[post-1589]/0/>. Acesso em: 10 maio 2018a.

PROJETO Brasil das Águas. **Região Hidrográfica Atlântico Nordeste Ocidental**. Disponível em: <http://brasildasaguas.com.br/educacional/regioes-hidrograficas/regiao-hidrografica-atlantico-nordeste-ocidental/>. Acesso em: 10 maio 2018b.

PROJETO Brasil das Águas. **Região Hidrográfica Atlântico Nordeste Oriental**. Disponível em: <http://brasildasaguas.com.br/educacional/regioes-hidrograficas/regiao-hidrografica-atlantico-nordeste-oriental/>. Acesso em: 10 maio 2018c.

PROJETO Brasil das Águas. **Região Hidrográfica Atlântico Sudeste**. Disponível em: <http://brasildasaguas.com.br/educacional/regioes-hidrograficas/regiao-hidrografica-atlantico-sudeste/>. Acesso em: 10 maio 2018d.

PROJETO Brasil das Águas. **Região Hidrográfica Atlântico Sul**. Disponível em: <http://brasildasaguas.com.br/educacional/regioes-hidrograficas/regiao-hidrografica-atlantico-sul/>. Acesso em: 10 maio 2018e.

PROJETO Brasil das Águas. **Região Hidrográfica do Paraguai**. Disponível em: <http://brasildasaguas.com.br/educacional/regioes-hidrograficas/regiao-

hidrografica-do-paraguai/>. Acesso em: 10 maio 2018f.

PROJETO Brasil das Águas. **Região Hidrográfica do Paraná**. Disponível em: <http://brasildasaguas.com.br/educacional/regioes-hidrograficas/regiao-hidrografica-do-parana/>. Acesso em: 10 maio 2018g.

PROJETO Brasil das Águas. **Região Hidrográfica do Parnaíba**. Disponível em: <http://brasildasaguas.com.br/educacional/regioes-hidrograficas/regiao-hidrografica-do-parnaiba/>. Acesso em: 10 maio 2018h.

PROJETO Brasil das Águas. **Região Hidrográfica do São Francisco**. Disponível em: <http://brasildasaguas.com.br/educacional/regioes-hidrograficas/regiao-hidrografica-do-sao-francisco/>. Acesso em: 10 maio 2018i.

PROJETO Brasil das Águas. **Região Hidrográfica do Tocantins-Araguaia**. Disponível em: <http://brasildasaguas.com.br/educacional/regioes-hidrograficas/regiao-hidrografica-do-tocantins/>. Acesso em: 10 maio 2018j.

PROJETO Brasil das Águas. **Região Hidrográfica do Uruguai**. Disponível em: <http://brasildasaguas.com.br/educacional/regioes-hidrograficas/regiao-hidrografica-do-uruguai/>. Acesso em: 10 maio 2018k.

RAGHUNATH, H. M. **Hydrology**: Principles, Analysis, Design. New Delhi: New Age International, 2006.

RASCÓN, L. E. M.; ROMÁN, A. J. **Principios de hidrogeografía**: estudio del ciclo hidrológico. México: Unam, 2005. (Serie Textos Universitários, n. 1).

ROSOLEM, R. **O impacto do desmatamento no ciclo hidrológico**: um estudo de caso para a Rodovia Cuiabá-Santarém. 82 f. Dissertação (Mestrado em Ecologia de Agroecossistemas) – Escola Superior de Agricultura Luiz de Queiroz, Universidade de São Paulo, Piracicaba, 2005. Disponível em: <http://www.teses.usp.br/teses/disponiveis/91/91131/tde-16122005-144144/pt-br.php>. Acesso em: 22 maio 2018.

SANTOS, I. dos et al. **Hidrometria aplicada**. Curitiba: Instituto de Tecnologia para o Desenvolvimento, 2001.

SANTOS, I. dos et al. **Monitoramento e modelagem de processos hidrogeomorfológicos**: mecanismos de geração de escoamento e conectividade hidrológica. 167 f. Tese (Doutorado em Geografia) – Universidade Federal de Santa Catarina, Florianópolis, 2009. Disponível em: <http://www.lhg.ufpr.br/arquivos/teses/tese_irani_2009.pdf>. Acesso em: 21 maio 2018.

SANTOS, L. C. A. dos; LEAL, A. C. Gerenciamento de recursos hídricos no Estado do Maranhão – Brasil. **Observatorium: Revista Eletrônica de Geografia**, v. 5, n. 13, p. 39-65, jun. 2013. Disponível em: <http://www.observatorium.ig.ufu.br/pdfs/5edicao/n13/03.pdf>. Acesso em: 11 maio 2018.

SCHEIDEGGER, A. E. On the Topology of River Nets. **Water Resources Research**, v. 3, n. 1, p. 103-106, Mar. 1967.

SCHEIDEGGER, A. E. The Algebra of Stream-Order Numbers. **United States Geological Survey Professional Paper**, v. 525, p. 187-189, 1965.

SCHUMM, S. A. Evolution of Drainage Systems and Slopes in Badlands at Perth Amboy, New Jersey. **Geological Society of America Bulletin**, v. 67, n. 5, p. 597-646, May 1956.

SCHUMM, S. A.; LICHTY, R. W. Time, Space and Causality in Geomorphology. **American Journal of Science**, v. 263, n. 2, p. 110-119, Feb. 1965.

SETTI, A. A. et al. **Introdução ao gerenciamento de recursos hídricos**. Brasília: Aneel, 2001.

SILVA, J. X. da. **Geoprocessamento para análise ambiental**. Rio de Janeiro: Edição do Autor, 2001.

SILVEIRA, A. L. L. da. Ciclo hidrológico e bacia hidrográfica. In: TUCCI, C. E. M. (Org.). **Hidrologia**: ciência e aplicação. 4. ed. Porto Alegre: UFRGS/ABRH, 2012. p. 35-51.

SILVEIRA, A. L. L. da. Desempenho de fórmulas de tempo de concentração em bacias urbanas e rurais. **RBRH – Revista Brasileira de Recursos Hídricos**, v. 10, n. 1, p. 5-23, jan./mar. 2005. Disponível em: <https://www.abrh.org.br/SGCv3/index.php?PUB=1&ID=29&SUMARIO=896>. Acesso em: 21 maio 2018.

SIMPLÍCIO, C. G. A gestão descentralizada dos recursos hídricos no Brasil, sob o prisma do estado democrático de direito. **Revista Direito e Liberdade**, v. 16, n. 1, p. 39-63, jan./abr. 2014. Disponível em: <http://www.esmarn.tjrn.jus.br/revistas/index.php/revista_direito_e_liberdade/article/viewFile/627/589>. Acesso em: 21 maio 2018.

SOS RIOS DO BRASIL.

STRAHLER, A. N. Dynamic Basis of Geomorphology. **Geological Society of America Bulletin**, v. 63, n. 9, p. 923-938, Sept. 1952.

STRAHLER, A. N. Quantitative Analysis of Watershed Geomorphology. **Eos: Earth and Space Sciente News**, v. 38, n. 6, p. 913-920, Dec. 1957.

SUBRAMANYA, K. **Engineering Hydrology**. 3. ed. New Delhi: McGraw-Hill, 2008.

TAVEIRA, B. D. de A. **Processos hidrossedimentológicos em cenários climáticos na bacia hidrográfica do Rio Nhundiaquara, Serra do Mar Paranaense**. 97 f. Dissertação (Mestrado em Geografia) – Universidade Federal do Paraná, Curitiba, 2016. Disponível em: <https://acervodigital.ufpr.br/handle/1884/46489>. Acesso em: 21 maio 2018.

TEODORO, V. L. I. et al. O conceito de bacia hidrográfica e a importância da caracterização morfométrica para o entendimento da dinâmica ambiental local. **Revista Brasileira Multidisciplinar**, v. 11, n. 1, p. 137-156, 2007. Disponível em: <http://www.revistarebram.com/index.php/revistauniara/article/view/236/191>. Acesso em: 21 maio 2018.

TÔSTO, S. G. et al. (Ed.). **Geotecnologias e geoinformação**: o produtor pergunta, a Embrapa responde. Brasília: Embrapa, 2014. (Coleção 500 Perguntas, 500 Respostas). Disponível em: <http://mais-500p500r.sct.embrapa.br/view/pdfs/90000028-ebook-pdf.pdf>. Acesso em: 11 maio 2018.

TUCCI, C. E. M. Hidrologia: ciência e aplicação. In: TUCCI, C. E. M. (Org.). **Hidrologia**: ciência e aplicação. 4. ed. Porto Alegre: UFRGS/ABRH, 2012. p. 25-31.

TUCCI, C. E. M.; BELTRAME, L. F. S. Evaporação e Evapotranspiração. In: TUCCI, C. E. M. (Org.). **Hidrologia**: ciência e aplicação. 4. ed. Porto Alegre: UFRGS/ABRH, 2012. p. 253-288.

TYPES of Data Used in a GIS. 2007. Disponível em: <http://www.cookbook.hlurb.gov.ph/3-04-data#DataTypes>. Acesso em: 22 maio 2018.

U.S. DEPARTMENT OF AGRICULTURE. **Proceedings of the Federal Interagency Sedimentation Conference**. Washington D.C., 1965.

VERDIN, K. L.; VERDIN, J. P. A Topological System for Delineation and Codification of the Earth's River Basins. **Journal of Hydrology**, Amsterdam, v. 218, n. 1, p. 1-12, May 1999.

VILLELA, S. M.; MATTOS, A. **Hidrologia aplicada**. São Paulo: McGraw-Hill, 1975.

WALTRICK, P. C. **Erosividade de chuvas no Paraná**: atualização, influência do "El Niño" e "La Niña" e estimativa para cenários climáticos futuros. 107 f. Dissertação (Mestrado em Ciência do Solo) – Universidade Federal do Paraná, Curitiba, 2010. Disponível em: <http://

www.pgcisolo.agrarias.ufpr.br/dissertacao/2010_04_20_waltrick.pdf>. Acesso em: 21 maio 2018.

WATER FOOTPRINT NETWORK. **Personal Water Footprint**. Disponível em: <http://waterfootprint.org/en/water-footprint/personal-water-footprint>. Acesso em: 10 maio 2018.

WILLIAMS, J. R.; BERNDT, H. D. Sediment Yield Prediction Based on Watershed Hydrology. **Transactions of the American Society of Agricultural Engineers**, v. 6, n. 20, p. 1100-1104, 1977.

WISCHMEIER, W. H.; SMITH, D. D. A Universal Soil-Loss Equation to Guide Conservation Farm Planning. **Transactions of the International Congress of Soil Science**, n. 7, p. 418-425, 1960.

WMO – World Meteorological Organization. **The Dublin Statement on Water and Sustainable Development**. Disponível em: <http://www.wmo.int/pages/prog/hwrp/documents/english/icwedece.html>. Acesso em: 21 maio 2018.

Bibliografia comentada

TUCCI, C. E. M. (Org.). **Hidrologia**: ciência e aplicação. 2. ed. Porto Alegre: UFRGS/ABRH, 1997.

O livro traz uma gama completa de conteúdos relacionados à hidrologia e à gestão de recursos hídricos. Os capítulos são escritos por diferentes autores especialistas e setorizados de acordo com os diferentes processos do ciclo hidrológico (precipitação, escoamento etc.), trazendo um conteúdo completo, com conceitos, métodos de estimativa e métodos de medição. O capítulo dedicado à gestão de recursos hídricos apresenta uma abordagem mais voltada aos aspectos políticos e econômicos, enriquecendo a discussão crítica a respeito do assunto.

COLLISCHONN, W.; DORNELLES, F. **Hidrologia para engenharia e ciências ambientais**. Porto Alegre: ABRH, 2013.

Trata-se de um livro didático, dividido de acordo com os processos do ciclo hidrológico. Tem uma abordagem bastante acessível, mesmo para estudiosos de outras áreas do conhecimento, com conteúdo ilustrado, o que facilita a compreensão. Ao final de cada capítulo, traz indicações de leitura e exercícios para fixação do conteúdo.

Respostas

Capítulo 1

Atividades de autoavaliação

1. a. A segunda assertiva é incorreta, pois a bacia é uma divisão territorial natural, e não artificial.

2. d. A afirmativa III é incorreta, pois trata da resposta hidrológica de um hidrograma de bacia urbana; na bacia rural, geralmente a resposta é mais lenta.

3. b. As informações altimétricas são representadas por curvas de nível, que representam o relevo na bacia, e não o solo.

4. c

5. b. A alternativa I é incorreta, pois o padrão de drenagem é diferente da hierarquização dos canais.

Atividades de aprendizagem

Questões para reflexão

1. Com essa questão, espera-se que o leitor reflita sobre os diversos elementos presentes em uma bacia hidrográfica e como a interação entre eles afeta o ciclo da água na bacia, incluindo a interação sociedade-natureza.

2. Com essa questão, espera-se que o leitor reflita sobre a importância da escala adequada para mapeamento e análise de elementos da bacia. A utilização de escala inadequada pode omitir características da bacia, influenciando os resultados de análises.

Atividade aplicada: prática

1. Essa questão tem a intenção de demonstrar as particularidades ambientais de diferentes áreas, incluindo a área em que o próprio leitor vive, além do contato com a realidade local, que é um fator importante no processo de ensino e aprendizagem.

Capítulo 2
Atividades de autoavaliação

1. d

2. d. A assertiva IV é incorreta, pois em áreas de floresta ocorre maior interceptação.

3. a. A segunda afirmativa é incorreta, pois a capacidade de infiltração do solo não depende diretamente da parcela de chuva interceptada.

4. b

5. a. A terceira afirmativa é incorreta, pois a erosão laminar ocorre quando o solo está saturado; a quarta alternativa é incorreta porque o processo descrito corresponde à erosão laminar.

Atividades de aprendizagem
Questões para reflexão

1. A intenção é levar à reflexão sobre a interferência do fator *relevo* na distribuição das chuvas e justificar por que o método aritmético ignora esse importante fator.

2. O balanço hídrico consiste no balanço entre entrada e saída de água. A principal entrada é a precipitação e as principais

saídas são a evapotranspiração e a vazão. Assim, conhecendo os valores de vazão e precipitação (que são mais fáceis de se obter), é possível saber o valor médio da evapotranspiração.

Atividade aplicada: prática

1. A intenção dessa atividade é que o leitor obtenha informações sobre o monitoramento hidrológico no país, em sua maioria, disponíveis na internet.

Capítulo 3

Atividades de autoavaliação

1. c. A afirmativa I é incorreta, pois a captação de água por parte da indústria pode acarretar a diminuição de água disponível para irrigação.

2. a

3. c. A afirmativa II é incorreta, pois a outorga de recursos hídricos é um instrumento da PNRH, e não um princípio.

4. d

5. c

Atividades de aprendizagem

Questões para reflexão

1. Espera-se que o leitor discorra sobre a questão da heterogeneidade territorial do Brasil e suas diferenças ambientais, sociais e econômicas, além de como a descentralização pode auxiliar no atendimento específico das necessidades relacionadas a cada localidade ou região.

2. Espera-se que o leitor tenha contato com materiais que façam uma abordagem que vá além dos conteúdos tratados na presente obra sobre pelo menos uma das regiões hidrográficas brasileiras.

Atividade aplicada: prática

1. O objetivo dessa atividade é que o leitor conheça a estrutura de um Plano de Recursos Hídricos e saiba identificar os principais elementos que o compõem.

Sobre a autora

Bruna Daniela de Araujo Taveira é geógrafa com doutorado em Geografia pela Universidade Federal do Paraná (UFPR) e tem experiência como docente, autora, editora e produtora de material didático para os segmentos do ensino básico e ensino superior. Atualmente, trabalha no ramo editorial com foco na área de humanidades para o ensino fundamental e médio e atua como consultora independente em projetos de gestão ambiental e de recursos hídricos.

Anexos

Mapa A – Principais aquíferos do Brasil

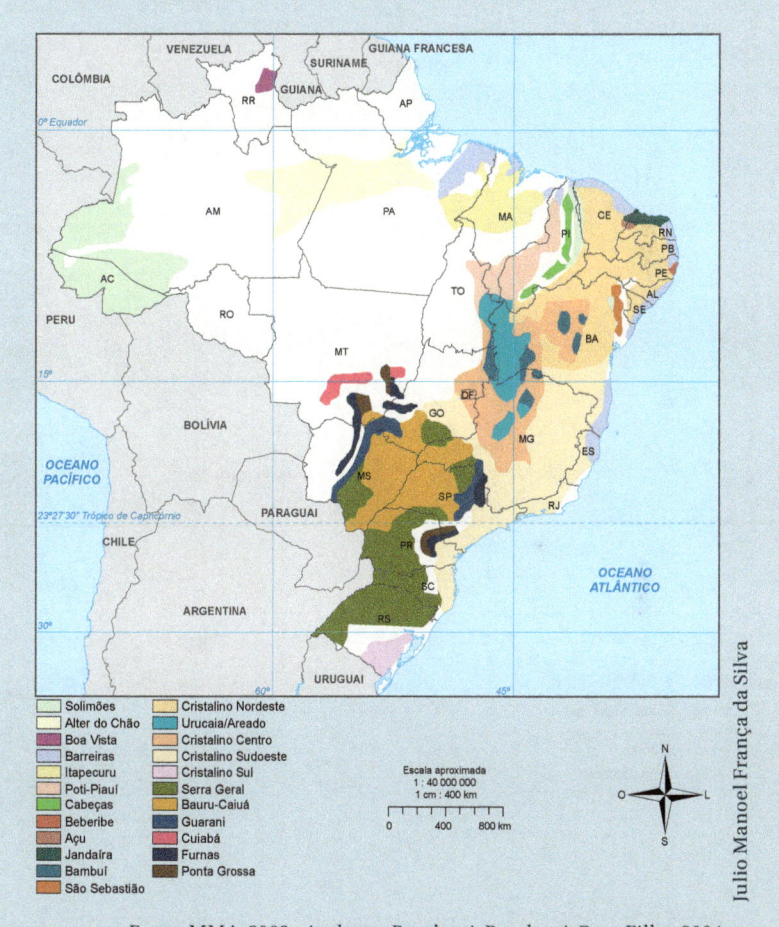

Fonte: MMA, 2003, citado por Borghetti; Borghetti; Rosa Filho, 2004.

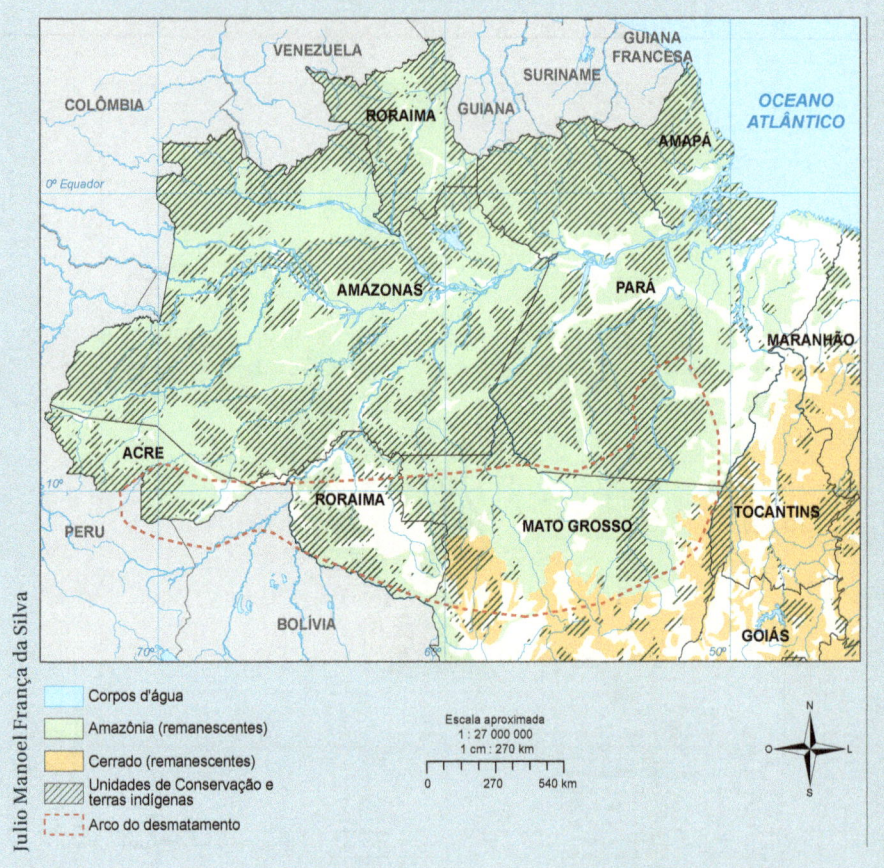

Mapa B - Arco de desmatamento (a) e demanda de água (b) da Região Hidrográfica Amazônica

a.

- Corpos d'água
- Amazônia (remanescentes)
- Cerrado (remanescentes)
- Unidades de Conservação e terras indígenas
- Arco do desmatamento

Escala aproximada
1 : 27 000 000
1 cm : 270 km
0 — 270 — 540 km

Julio Manoel França da Silva

b.

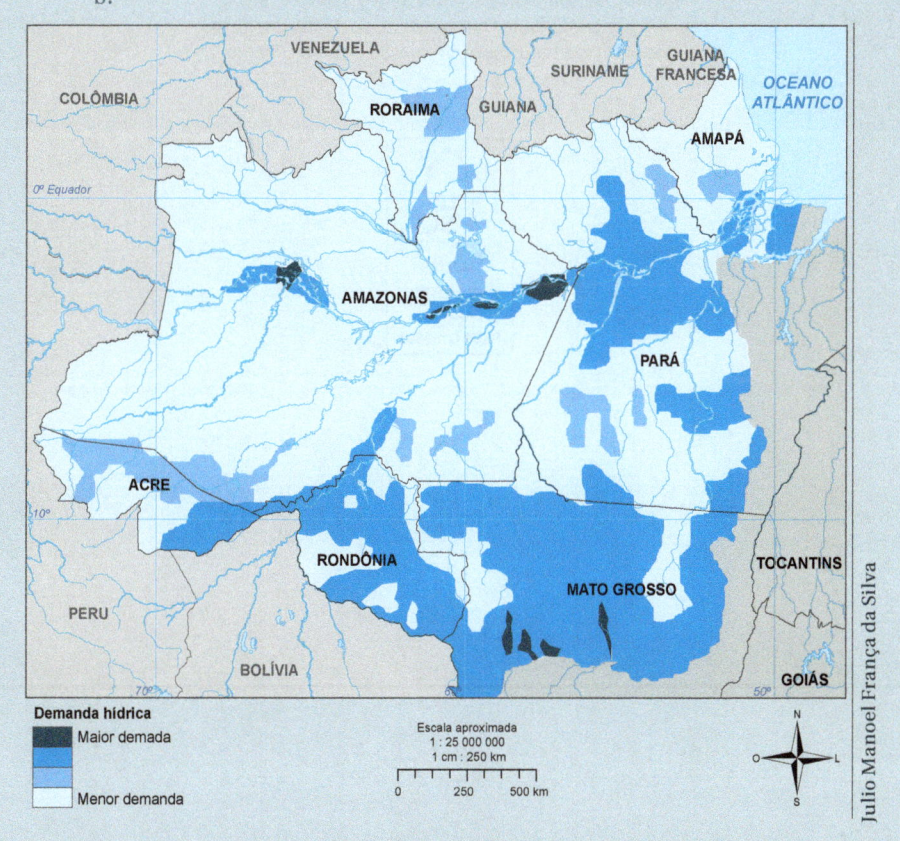

Demanda hídrica
- Maior demanda
- Menor demanda

Escala aproximada
1 : 25 000 000
1 cm : 250 km
0 — 250 — 500 km

Julio Manoel França da Silva

Fonte: Elaborado com base em Brasil, 2015b, p. 21.

215

Os papéis utilizados neste livro, certificados por instituições ambientais competentes, são recicláveis, provenientes de fontes renováveis e, portanto, um meio **respons**ável e natural de informação e conhecimento.

Impressão: Reproset